小动物的大智慧

独门杀手锏

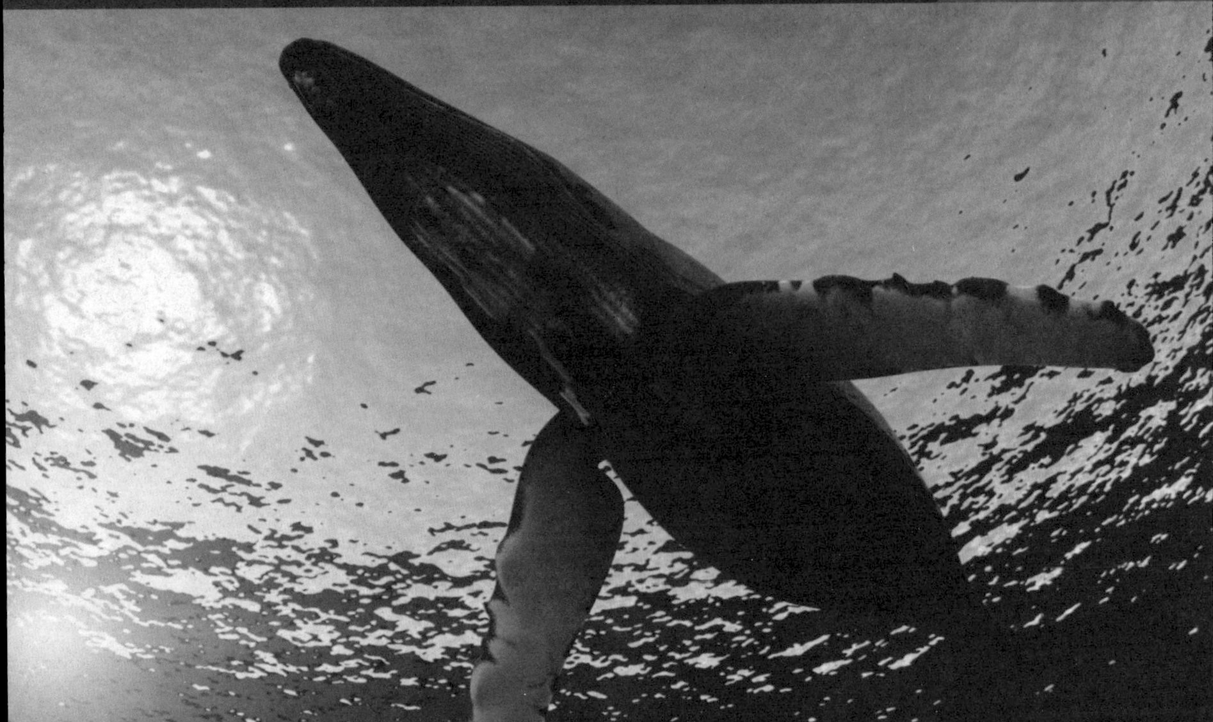

廖春敏 主编

上海科学普及出版社

图书在版编目（CIP）数据

独门杀手鼩 / 廖春敏主编. —上海：上海科学普及出版社，2014.9

（小动物的大智慧）

ISBN 978-7-5427-6211-5

Ⅰ.①独… Ⅱ.①廖… Ⅲ.①动物—普及读物 Ⅳ.①Q95-49

中国版本图书馆CIP数据核字（2014）第176222号

策　　划　　胡名正
责任编辑　　郭子安
统　　筹　　刘湘雯

小动物的大智慧
独门杀手鼩
廖春敏　主　编
上海科学普及出版社出版发行
（上海中山北路832号　邮政编码 200070）
www.pspsh.com

各地新华书店经销　　三河市恒彩印务有限公司印刷
开本　889mm×1194mm　1/16　印张 8　字数 160 000
2014年9月第1版　2014年9月第1次印刷

ISBN 978-7-5427-6211-5　　　　　　　　　定价：23.80 元

FOREWORD 前言

　　动物的世界是瑰丽奇妙的，每一只动物都有着自己独特的智慧。"物竞天择，弱肉强食"的自然法则在动物世界中被发挥得淋漓尽致，无论是小到肉眼无法看到的单细胞动物草履虫，还是大到如小山一般遨游于海洋的巨鲸，每一种动物从它们降临到这个世界起，就面临着许许多多难以想象的生存难题和挑战，它们要寻找食物，要生儿育女繁衍后代，要在各种竞争中争得自己的一席之地，要与形形色色的捕食者周旋，要躲避种种生存危机。于是，在险象环生的世界中，为了各自的生存，动物们各显神通，智慧发挥到极致，巧妙地应对着这些从自己一出生就面临的最残酷无情的竞争。

　　在看"动物世界"的时候，我们能发现好多动物具有一些在人类看来似乎难以理解的奇特长相和行为，其实，这些都是动物们长期适应生存环境和自然选择的结果。为了更好地给读者对动物们的怪异行为进行答疑解惑，我们挑选了数百种充满智慧且具有怪异行为和特征的动物，进行分门别类，编辑成"小动物的大智慧"丛书，从四大方面（《神奇动物装》、《生存有妙招》、《独门杀手锏》、《动物特种兵》）进行阐述。

　　本册《独门杀手锏》，讲述动物独一无二的必杀技。比如伪装，海葵把自己伪装成植物一般，让游过的小动物根本就意识不到自己正悠闲游进去的"植物森林"其实是一个巨大陷阱，进去之后就再也出不来；石斑鱼，不断地随着环境变幻着自己的体色，让猎物们完全发觉不了自己身边的巨大危险。比如逃生技巧，乌贼蓄积了满满一腔的墨汁，遇到躲不过去的危险时，赶紧喷射墨汁，搅乱周围的环境，自己逃之夭夭；负鼠，装死技术一流，遇险就倒地而"亡"，往往可以迷惑绝大部分捕食者。又比如共同协作，海葵和隐鱼、犀牛和犀牛鸟、蜜獾和导蜜鸟，它们共生共存，彼此都为对方的捕食和逃生立下赫赫功勋……总之，一切为了生存，神奇不断演绎。通过本书，读者可以了解到动物们更多鲜为人知的"内幕"，让人惊叹，并将读者带入更深入的思索，以解答更多的疑问和谜团。

为了给读者创造更好的阅读氛围，让读者更真实地体验到动物们生存的精彩画面，参与本书编撰出版的诸位老师：廖春敏、李坡、孙鹏、王玲玲、刘佳、陈晓东、李立飞、白海波等，在文字撰写、图片使用、版面设计上都倾注其所有心思，力求做到文字充满青春张力、图片新颖贴切、设计清丽明快。在此感谢以上各位老师为本书所做的各种工作！

最后，希望本书能够成为各位读者了解神奇动物世界的良师益友。

CONTENTS 目录

以假乱真的高超伪装

海葵：美丽的陷阱 ………… 2
触手似花瓣 ………………… 2
有毒的陷阱 ………………… 3

竹节虫：伪装大师 ………… 5
两件护身法宝 ……………… 5
一整套伪装术 ……………… 6

石斑鱼：色彩魔术师 ……… 8
变色能力最强的鱼 ………… 8
为什么能变幻体色 ………… 9

斑马：黑白条纹"袍子" …… 10
让狮子眼花缭乱 …………… 10
让小昆虫看不见 …………… 11

独步天下的防御绝技

乌贼：泼墨防身 …………… 14
"放烟幕专家" ……………… 14
"水中火箭" ………………… 15

角蜥：喷血退敌 …………… 17
御敌有法宝 ………………… 17
最后的绝招 ………………… 18

臭鼬：威猛的"毒气弹" …… 19
"毒气"究竟有多毒 ………… 19

负鼠："诈尸"是这样炼成的 … 21
装死是拿手本领 …………… 21
是装死还是真晕了 ………… 22

· 1 ·

防不胜防的捕食妙招

蚁狮：自己动手，填饱肚子…… 24
　"杀蚂蚁之狮"……………………… 24
　精心布置陷阱……………………… 25

流星锤蜘蛛：耍兵器的"女侠" 26
　散播香水引诱飞蛾………………… 26
　夺命的黏性流星锤………………… 27

捕鱼蛛：设假象的家伙…………… 28
　巧设陷阱诱捕小鱼………………… 28
　潜在水里伺机偷袭………………… 29

行军蚁："蚁海战术"……………… 30
　恐怖的"屠杀专家"……………… 30
　不可阻挡的"军团"……………… 31

鮟鱇鱼：会钓鱼的"铁娘子"… 32
　三分像鱼七分像鬼………………… 32
　黑暗海底的一盏灯………………… 33

座头鲸：集体吐"水泡网"……… 34
　奇妙的捕食方法…………………… 34
　为何只吃小鱼虾…………………… 36

暗藏玄机的特殊交流

蚂蚁：触角就是"信号器"…… 38
　气味决定行动……………………… 38
　顶角是在聊天……………………… 39

蜜蜂：舞蹈传消息………………… 40
　用舞蹈指示蜜源…………………… 40
　信息激素有妙用…………………… 41

萤火虫：爱我，你就闪一闪…… 43
　夜里的求爱信号…………………… 43
　受到惊扰光更亮…………………… 44
　为什么会发冷光…………………… 45

海豚：特殊的语言系统…………… 46
　海豚的语言多姿多彩……………… 46
　奇妙的"说"和"听"…………… 47

量身定制的节能妙法

蛇：长睡一冬 ………………… 50
  群聚一起好过冬 …………………… 50
  冷血动物耗能少 …………………… 51

四爪陆龟：爱打瞌睡 ………… 52
  喜晒太阳又怕烈日 ………………… 52
  夏天和冬天都休眠 ………………… 53

帝企鹅：摇摇摆摆为节能 …… 54
  摇晃行走大巧若拙 ………………… 54
  聚在一起抵抗风雪 ………………… 56

骆驼：吃苦耐劳有法宝 ……… 57
  保水耐渴能力强悍 ………………… 57
  耐脱水能力更惊人 ………………… 58
  储能和节能都擅长 ………………… 59

令人震撼的特大迁徙

红蟹："返"乡"之路多艰辛 …… 62
  为后代勇往直前 …………………… 62
  千辛万苦只等闲 …………………… 63

帝王蝶：四代完成同一个梦想 … 65
  四代共飞六万千米 ………………… 65
  指南针在触须上 …………………… 67

驯鹿：胜利大逃亡 …………… 68
  九死一生的大逃亡 ………………… 68
  迁徙途中母子情深 ………………… 69

角马：惊险渡河 ……………… 70
  追逐乌云嫩草奔跑 ………………… 70

生死攸关的马拉河 ………………… 71
众志成城有序渡河 ………………… 72

旅鼠："死亡之约"是个意外事件 … 73
  看似疯狂的集体自杀 ……………… 73
  关于死亡大迁移的种种猜想 ……… 74
  赴死之约是美丽神话 ……………… 75

简单奇效的自我医疗

草药：懂中草药的"专家"……… 78
吃植物治病疗伤……………………… 78

手术：自我手术，不烦亲属…… 80
个个都是"外科手术专家"………… 80

唾液：口水竟然有奇效………… 82
唾液的神奇功效……………………… 82
猫舔皮毛的秘密……………………… 83

洗浴：不长虫子，不生病……… 85
洗洗更健康…………………………… 85
"蚂蚁浴"妙用………………………… 86

分外默契的"贴心搭档"

海参和隐鱼：
　不同生，但有可能共死……… 88
海参的内脏可以重生………………… 88
隐鱼犯下的致命错误………………… 88

蚂蚁和蚜虫：
　好"主人"与好"仆人"……… 90
蚜虫是蚂蚁的"奶牛"……………… 90
因嘴馋而不顾后代…………………… 91

犀牛和犀牛鸟：
　大朋友和小朋友的情谊……… 92
犀牛皮肤藏污纳垢…………………… 92
"私人医生"兼"警卫员"…………… 93

蜜獾和导蜜鸟：甜蜜相交……… 94
合作才能吃上美食…………………… 94

煞费苦心的花样求爱

狼蛛：“死亡约会” ……………… 96
　短命的"新郎" ………………………… 96
　不同的命运 …………………………… 97

斗鱼：求婚礼物"泡沫床" ……… 98
　不易破碎的"泡沫床" ………………… 98
　死缠烂打百般求爱 …………………… 99

䴙䴘："一舞定终身" …………… 100
　优雅的水上表演 ……………………… 100

黑琴鸡：“比武争亲” …………… 102
　胜利者才能得到伴侣 ………………… 102

企鹅：用石子求婚 ……………… 104
　小石子作为见面礼 …………………… 104
　小石子是最重要的财富 ……………… 105

园丁鸟：建筑大师和女强人 …… 106
　爱巢越华丽越好 ……………………… 106
　筑亭本领不是天生的 ………………… 107
　爱"美"是园丁鸟的天性 ……………… 108

各具匠心的生儿育女

海马：家庭"孕"男 ……………… 110
　海马爸爸的孵卵囊 …………………… 110
　海马爸爸做孕男 ……………………… 111

营冢鸟：这个爸爸很奇怪 ……… 112
　像温室的特殊产房 …………………… 112
　雄鸟精心守护产房 …………………… 113
　最早发现与探索的人 ………………… 114

犀鸟：闭关不为修炼 …………… 115
　重感情的"钟情鸟" …………………… 115
　"自我囚禁"生宝宝 …………………… 115

袋鼠：大口袋就是大摇篮 ……… 117
　舒适又安全的育儿袋 ………………… 117
　同时哺育三个孩子 …………………… 118

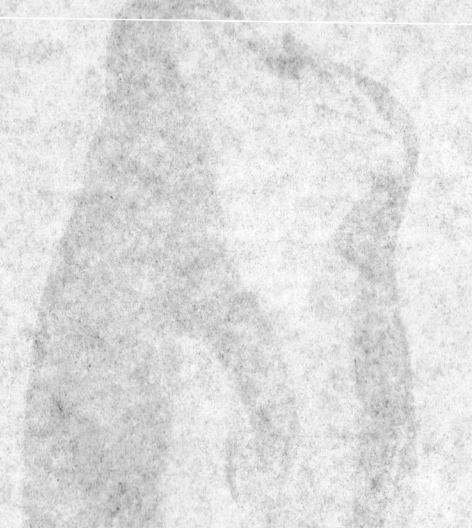

以假乱真的高超伪装

海葵：美丽的陷阱

我们外表妩媚，像朵生于海中的葵花，可实际上这美丽的外表是我们用来迷惑没有经验的小鱼、小虾们的。当它们好奇地游近时，我们就突然伸出触手，将它们擒获。这样静待捕食固然节省力气，然而靠运气来吃饭，终究不是长久之计。于是，我们学会了与多种海洋生物合作，大家各取所需，合作共赢。

■ 触手似花瓣

海葵的外表很像植物，尤其像葵花或菊花，其实却是食肉动物。海葵共有1000多种，栖息于世界各地的海洋中，从极地到热带、从潮间带到超过10000米的海底深处都有分布，而数量最多的还是在热带海域。海葵属于腔肠动物，没有骨骼，富含肉质，大部分海葵锚靠在海底固定的物体上，如岩石和珊瑚。为了适应生存环境，海葵伪装出不同的颜色和形态，但它们的身体构造基本

▲海葵触手一般都按6或6的倍数在口周排成多环，彼此互生。内环先生较大，外环后生较小。

都相同。

海葵的单体呈圆柱状，柱体开口端为口盘、封闭端为基盘。口盘的直径大多为几厘米，但栖息于北太平洋沿岸和澳大利亚大堡礁的巨型海葵口盘直径可达1.5米之巨。口盘中央为口，口部周围有充分伸展的软而美丽的触手，犹如花瓣。触手有各种奇异的形状，有的状如卷心菜，层层叠叠，有的呈放射形向周围伸展着，犹如海底绽放的菊花。触手的数目因种而异，但内环的数目大于外环，不过数目均为6的倍数，具有摄食、保卫和运动的功能。

封闭端的基盘，可以分泌出一种黏液，海葵靠黏液吸附在石块、贝壳、海藻或木桩等硬物上。大多数海葵的基盘用于固着。少数海葵没有基盘，埋栖于泥沙质海底。但事实上，海葵并不都是永久附于一处，有的也能缓缓滑行，有的靠触手做翻转运动，还有的能在水中做短距离的游动。极个别的海葵还会靠基盘分泌的气囊倒挂在水层中浮游。

▲ 一群海葵正在诱捕硝水母。

有毒的陷阱

海葵有着各种各样的颜色，绿的、红的、白的、橘黄的、具斑点或具条纹的或多色的。这样绚丽的色彩更容易吸引猎物。这些色彩是怎么来的呢？一是来自海葵本身肌体组织中的色素，二是来自与其共生的共生藻。共生藻不仅使海葵大为增色，而且也为海葵提供了营养。生活在热带珊瑚礁中的几种海葵，白天伸展着有色彩的部分使共生藻充分进行光合作用，到了晚上触手再伸出来以捕食。

海葵虽然不能主动出击获取猎物，但是当它的触手一旦受到刺激，

好搭档小丑鱼

海葵能与不少其他生物互利共生，其中有一种叫小丑鱼。小丑鱼的体表能分泌黏液，以防止海葵刺丝胞的蜇刺，如果人为地除去黏液，它们也会被海葵蜇得落荒而逃。当海葵依附在岩礁上动弹不得时，这种红身白纹的小丑鱼会在漂亮的触手处游动，以引诱其他的小鱼上钩。海葵在捕捉到猎物，饱餐之后，小丑鱼就可以捡食一些残渣。此外，小丑鱼遇到敌人的攻击时，也会赶紧逃到海葵的触手中间躲避。总之，小丑鱼以海葵为避难所，而海葵借着小丑鱼以获得更多的食物。

▲ 在海葵中来去自如的小丑鱼。

哪怕是轻轻的一掠，它都能毫不留情地捉住到手的猎物。海葵的触手在水中不停地摇摆，犹如风中摇曳的花瓣，非常美丽。触手随着海水摇动，向那些好奇心重的游鱼频频招手。许多缺乏经验的小鱼、小虫、小虾常漫不经心地游过来，好奇地探察这不知名的花朵，却突然被快速收缩的触手所擒获，还未来得及作出反应，就成了海葵的果腹之物。

海葵的触手长满了倒刺，这种倒刺能够刺穿猎物的肉体。它的体壁与触手均具有刺丝胞，这是一种特殊的有毒器官，会分泌一种毒液，用来麻痹其他动物以自卫或摄食。看来，美丽的海葵对小鱼来说，其实是一种可怕的美丽陷阱。海葵所分泌的毒液，对人类伤害不大，如果我们不小心摸到它们的触手，只会出现一些刺痛或瘙痒的感觉。

竹节虫：伪装大师

我们会用各种假象来迷惑我们的天敌，在它们满头雾水的时候，我们早已经溜之大吉了。我们家族"虫丁兴旺"，一到了谈情说爱要生小宝贝的时候，整个竹林都叫苦不迭。因为，我们需要大量的植物为食。更让你意想不到的是，如果我们家族的某个女同胞对任何男同胞都不感兴趣，产下的没经受精的卵，也照样能发育成正常的小竹节虫。

■ 两件护身法宝

竹节虫是身体最修长的昆虫，成虫体长一般为10厘米，最长可达50厘米。它常常俯身于竹枝上，其身体颜色、形态与竹枝非常相似，拟态本领十分高超，几乎可以乱真，所以名为竹节虫。竹节虫有两件护身法宝——体形和体色，这两件法宝使它往往可以躲过敌害。

竹节虫是善于拟态的典型代表，具有高超的隐身术。大部分种类身体细长，模拟植物枝条，少数种类身体宽扁，鲜绿色，模拟植物叶片。它们一般是以生活环境为基础进行拟态的。生活在叶片较多的地方，则以叶片为模拟对象生活，在以树枝为主的环境中，则变成棒状的体态。绿色的种类多生活在绿色植物上，褐色种类生活在干枯的树叶中。当它趴在植物

拟 态

拟态是指某些生物在进化过程中形成的外表形态、色泽或斑纹等与其他生物或非生物异常相似的形态。动物拟态的形式多种多样，如有的与其生存环境相似，有的则模拟有毒、有刺或味道不佳的不可食物种。

小动物的大智慧

"森林魔鬼"

竹节虫繁殖能力强,有些雌虫不经交配也能产卵,生下无父的后代,这种生殖方式叫孤雌生殖。竹节虫的卵很大很多,下卵的声音淅淅沥沥,密如雨声。幼虫的足可以自行脱落,而且之后可以再生,这就增加了其逃生概率和存活率。竹节虫终生以植物为食,是著名的森林害虫,尤其到了繁殖季节会毁掉大批树木,所以人们把它叫做"森林魔鬼"。

上时,能令自身的体形和植物形状相吻合,装扮成被模仿的植物,或枝或叶,惟妙惟肖,如果你不仔细端详,很难发现它的存在。

竹节虫的体色也可以随着环境而改变,让自身完全融入周围的环境中。它体内的色素可以因光线、温度、湿度不同而发生变化,由绿色、棕色变为其他颜色。当温度与湿度下降时,它的体色变暗;温度较高,空气干燥时,竹节虫则变为灰白色。

■ 一整套伪装术

竹节虫在夜间活动,白天只是静静地待着。看上去非常像树枝,一般不会被敌人发现,只有在爬动时才会被发现。竹节虫在被发现前和被发现后,会施展不同的伪装术来迷惑敌人。

当竹节虫在竹枝上停息时,有时会将中、后胸足伸展开,不时微微抖动几下,好像竹枝受到了微风的吹拂。如果有敌人经过,会误以为这是竹枝,而不把它放在心上,竹节虫以此来避免敌人发现自己。被敌人识破后,它将身体抬高,依靠中、后脚的支撑,激烈地左右摇晃来恐吓对方。在竹节虫的足尖部位也长有又硬又尖的刺儿,因而使得很多动物对它敬而远之。另外,在竹节虫的胸腹部有两个特殊的腺体,当遇到敌害时,可以释放出毒液。

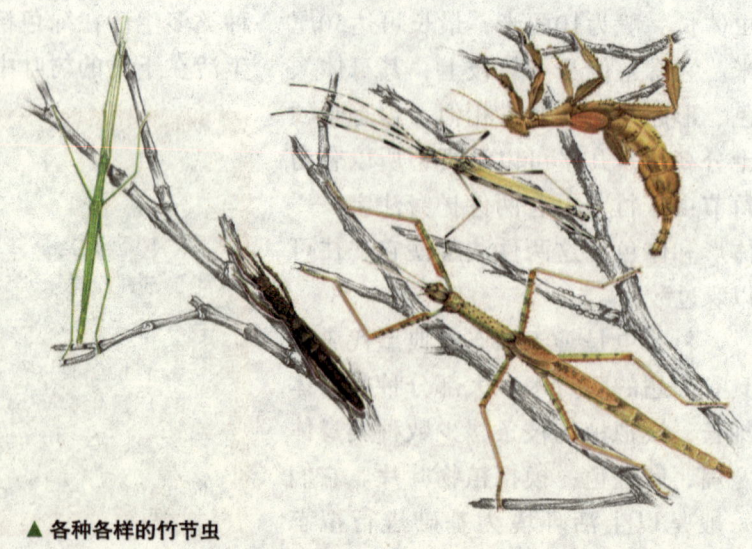

▲ 各种各样的竹节虫

在数百万年的进化历史中，某些竹节虫的翅膀已经退化了，没有翅膀的竹节虫更像枯树枝，更容易与生活环境融为一体，保护它们躲过天敌锐利的目光。部分竹节虫仍有翅膀，但是不会飞。有翅膀的那些竹节虫当中，有的翅膀色彩非常亮丽。当它受到侵犯飞起时，突然闪动的彩光会迷惑敌人。但这种彩光只是一闪而过，当竹叶虫着地收起翅膀时，它就突然消失了。这被称为"闪色法"，是许多昆虫逃跑时使用的一种方法。竹节虫的这种战术也可称为声东击西法，当把敌人的注意力吸引到半空时，竹节虫却已经悄然坠落，落在草丛中收拢胸足，一动不动地假扮枝状，然后伺机偷偷溜之大吉。

▲竹节虫行动迟缓，白天静伏在树枝上，晚上出来活动，取叶充饥。

石斑鱼：色彩魔术师

> 我们家族的成员都懂得"到什么山头唱什么歌"。所以，环境一变，我们身上衣裳的颜色也立马跟着变。不过呢，我们也有局限性，再怎么变化，也超不过6种不同的底色。

■ 变色能力最强的鱼

石斑鱼分布于热带、亚热带海域，不喜欢远游，喜欢栖息在沿岸岛屿与珊瑚礁丛生的水域，却较分散，一般不成群。

石斑鱼是伪装高手，往往顷刻之间便可判若两鱼。它的样子很奇怪，如果只从颜色和形状看，就像一块带斑点的岩石。身上有赤褐色的六角形斑点，中间被灰白色或网状的青色分开，这种斑点同长颈鹿的斑纹相像。石斑鱼在捕食时常常隐藏在珊瑚礁中，赤色的斑点跟红珊瑚几乎完全一样，到了绿色或黄色的水藻丛中，就会变成绿色或黄色。它能变出与环境相适应的那六种颜色，还能把斑点和条纹的颜色变得深些或浅些，如同变色龙一样在海底不断地变化着色彩。

为了捕食和躲避敌人，石斑鱼还会把自己伪装得和周围的环境很相似，以致很多在它附近游动的小鱼小虾还不知道发生了什么事就已成了它的美食。

石斑鱼身体肥厚，口部大，不适宜长途迅速游泳。它们习惯等待鱼、

▲石斑鱼的体形一般都相当大，身长可达1米以上，体重超过100千克也不足为奇。

章鱼、螃蟹、龙虾等猎物靠近，而不会在广阔的水域追逐猎物。它这种类似守株待兔的静止捕食方法，更需要有良好的伪装本领。石斑鱼体形各异，大的身长可达1米以上，鞍带石斑鱼可以长得非常巨大，曾有报道说这种鱼大到足以把游泳者或水肺潜水员吞噬。不过石斑鱼的种类颇多，体形大小也各有差别。它们会把猎物吞噬，而不会用口把猎物逐片撕开；这是因为它们的颚没有很多牙齿，可是在咽喉里头的牙板可以碾碎食物。

▲石斑鱼性凶猛，是肉食性鱼类，有互相残食现象。在稚幼鱼阶段，个体小的常被个体大的吞食。

■ 为什么能变幻体色

石斑鱼为了捕食和躲避敌人而变色，变色和它的身体特征、生活习性、生存环境都有关系。那么石斑鱼为什么能变色呢？

鱼体有色彩是因为其皮肤细胞内含有色素。色素细胞共有4种，即黑色素细胞、红色素细胞、黄色素细胞和鸟粪素细胞（或称为虹彩细胞）。由于色素多少的不同，色素的转化以及分布而形成了色彩各异的鱼类体色。另外，鱼类的色素细胞的形状极易改变，不同的形状会显现出不同的色彩来。色素细胞由神经或激素控制着。

鱼类之所以能够变色，主要是受环境的刺激。这些刺激包括眼睛看到的、耳朵听到的、鼻子嗅到的以及触觉等感觉器官所感受到的。刺激所引起的神经冲动是通过神经传至脑，促使脑的相适应的反应下传至一定部位，或通过脑垂体分泌的激素经血传至一定部位，最后各种色素细胞得到信息而分泌适宜量的色素。刺激不同，分泌色素的种类与量就不同，从而显示出不同的体色变化。这就像我们人类面部颜色的变化，如果我们突然受到刺激，面部颜色可以很快地变红或变苍白。

而石斑鱼伪装变色主要是受到外界的刺激并通过眼睛触发而引起的。外来刺激通过眼睛传到脑，再由脑传到支配色素细胞的肌纤维，从而引起色素细胞粒的变化。色素细胞粒不断扩散时，体色变浓；色素细胞粒不断缩小，体色就会变淡了。石斑鱼体内还有虹彩细胞，能够把光线反射，发出彩色虹光来。因此身上的斑点和条纹会忽明忽暗地变幻。

小动物的大智慧

斑马：黑白条纹"袍子"

在审美方面，我们家族的成员都懂得黑白配是最经典的款式，永远不会过时。所以，我们从头到脚都裹着这种黑白条纹"袍子"。然而，我们这一身打扮只是为了美的需求吗？当然不是。黑白条纹是为了混淆我们的天敌狮子的视觉，使它们晕头转向。另外，黑白条纹还能调节身体温度，又是它们的"身份证"，就像人的指纹一样，具有唯一性。

■ 让狮子眼花缭乱

斑马是非洲大陆的特产动物，喜欢栖息在平原和草原上。斑马是群居性动物，常常是几十头、上百头乃至几百头在一起生活。有时也跟其他动物群，如牛羚和鸵鸟混合在一起，这样可以共同抵御天敌。它们跑得很快，每小时可达64千米。斑马需要经常喝水，很少到远离水源的地方去。它们的主要天敌——狮子，就常常埋伏在它们饮水的必经之路上，耐心地等待着伏击机会。

斑马的外形和普通的马相似，与普通马的最大不同是，它有一身黑

▲斑马的皮肤是黑色的，所以说斑马是长着白条纹的黑马。

· 10 ·

▲ 斑马和牛羚一起生活，共同抵御天敌。

白条纹服，黑一条白一条，雅致而漂亮。斑纹在头、颈、前半身的部分也是竖直的，而后半身及腿的斑纹则是横纹。这样显眼的斑纹有什么用呢？如此醒目岂不是更暴露自己吗？

原来，这是一种适应环境的保护色，是保障其生存的一个重要防卫手段。条纹可扰乱狮子等猎食动物的目光（猫科动物的视网膜杆细胞夜视能力强，但锥细胞的辨色能力不好，所见到的物体都是黑白色）。在开阔的草原和沙漠地带，这种黑色与白色相间的条纹，在阳光或月光照射下，反射光线各不相同，起着模糊或分散其体形轮廓的作用，展眼望去，很难与周围环境分辨开来。这种不易暴露目标的保护作用，对斑马本身是十分有利的。当斑马成群结队时，狮子所见到的影像就会相当模糊，影像之间毫无间隔，而斑马成群奔跑时，斑纹则会使猎食动物眼花缭乱。

■ 让小昆虫看不见

除了防卫狮子这样的大猎食者，斑马身上的条纹还可以分散和削弱草原上的刺刺蝇的注意力，是防止它们叮咬的一种手段。这种昆虫是传播睡眠病的媒介，它们经常叮咬马、羚羊和其他单色动物，却很少威胁斑马的生活。同时黑白色的条纹还可调节身体的温度，形成天然的空调系统，因为白色可反光、降温，黑色可吸光、升温。

另外，这些图案还是它们的"身份证"。不同的斑马，身上的斑纹各不相同，有的粗大稀少，有的又细又密。斑马家族中的成员，就是通过斑纹来当做识别自己同类的标记的，这是同类之间相互识别的主要标记之一。斑纹也有吸引异性关注的作用，例如受过伤的斑马的纹理可能会有点乱，在它们择偶时可以参考斑纹以判断对方的健康情况。

斑马这种保护色是长期适应环境和自然选择而逐渐形成的，因为历史上也曾出现过一些条纹不明显的斑马，由于目标明显，易于暴露在天敌面前，从而遭到捕杀，最后灭绝，在漫长的生物演化过程中逐渐被淘汰了。于是那些条纹分明且十分显眼的种类就生存到现在。

人类从斑马斑纹中得到了启示，将条纹保护色的原理应用到海上作战方面，在军舰上涂上类似于斑马条纹

▲在肯尼亚的安博塞利国家公园，两只雄性平原斑马正在激烈争斗。为了赢得与雌性斑马的交配权，它们有时会爆发异常惨烈的争斗，包括凶狠的撕咬和踢蹴。

的色彩，以此来模糊对方的视线，达到隐蔽自己、迷惑敌人的目的。

勇于舍身救群

斑马喜欢群居和集体活动。健壮者总是站在外围担任警戒，一旦发现敌情，便掩护马群逃跑。如果敌人追捕紧急，就会有一匹斑马自动离群，单身和敌人搏斗，保卫同伴脱险；如果敌人再追，又会有一匹斑马自我牺牲。如果斑马群被包围，身强力壮者会主动站在外围，头朝里、脚朝外，猛踢进犯的野兽，以保护老弱病残的斑马。

独步天下的防御绝技

小动物的大智慧

乌贼：泼墨防身

我们有很多墨汁，但这些墨汁可不是用来作中国山水画的，而是用来掩护自己逃亡的。这种墨汁除了能迷惑天敌外，还具有毒素，可以麻痹它们。

■ "放烟幕专家"

乌贼是头足类动物中最杰出的"烟幕专家"。其最大的特点是遇到强敌时会"喷墨"，在黑色烟幕的掩护下快速逃生。乌贼是如何释放出这一撒手锏的呢？

▲ 乌贼嘴巴周围有八只腕和两条较长的带吸盘的触须，用于抓捕猎物（鱼和甲壳类）或吸附在某个物体上。

原来，在乌贼体内直肠的末端有一个墨囊。墨囊的上半部是墨囊腔，是贮备墨汁的场所；下半部是墨腺，墨腺的细胞里充满了黑色颗粒，衰老的细胞逐渐破裂，形成墨汁，进入墨囊腔以后，暂时储存起来。当突遇强敌时，乌贼就会从墨囊中喷出一股股的墨汁来，墨汁在水中散成烟雾状，把周围的海水染成一片漆黑，就像释放的烟幕弹一般。在对方惊慌失措的时候，它便趁机逃跑了。乌贼的喷墨技巧很高，喷放的墨团形状常常与自己的形状近似，这能很好地迷惑敌害。而且它喷出的墨汁还含有毒素，可以用来麻痹敌害，使敌害无法再去追赶它。

乌贼墨囊里储存的这一腔墨汁，

海螵蛸和潜水艇

乌贼体内长着一种乌贼骨,又叫海螵蛸,起着支撑身体的作用。海螵蛸的腹面松软多孔,孔内藏着水和空气。当水多气少时,乌贼的密度增加了,便往下沉;当气多水少时,乌贼的密度就减少了,便向上游。乌贼利用调节体内的水气比例来上下灵活自如地升降。潜水艇的诞生也是从乌贼身上得到启发的。潜水艇内装有许多钢板制成的水柜,里面贮藏着水和空气,另有进水阀门可同海水相通。只要适当调节柜内水和空气的比例,就能使潜艇上浮或下沉。

需要很长的时间才能形成。所以,不是万不得已的危急关头,它是不会随意施放墨汁的。乌贼释放墨汁的多少,因对手的不同而异。如果对手很弱,就点到为止;如果对手强大,乌贼就会连连释放墨汁,把对手团团包围。乌贼一般能连续施放五六次墨汁,持续十几分钟,在5分钟内可以将5000升水染黑。大王乌贼喷出的墨汁,能够把上百米范围内的海水染黑。有了烟幕弹这个杀手锏,多数情况下乌贼都能成功避险,但当然也有例外的情况。海豚就是乌贼的天敌之一,因为它会绕过烟幕穷追乌贼。

人类受到乌贼烟幕弹的启发。在陆战中,常常利用发烟罐、发烟手榴弹放出浓烟来掩护步兵和坦克前进。有时候,也在敌人进攻的方向上施放烟幕,使己方在烟幕的掩护下顺利转移。在海战时,甚至利用烟幕把一艘上万吨级的战舰掩蔽起来。现在,造出的烟幕不只是化学燃料燃烧放出的浓烟,为了达到反雷达和反红外探测器的效果,人们还造出了具有特种功能的烟幕,使对方无法判定哪个是真正的目标。

直 肠

哺乳动物的直肠是消化系统的一部分,是肠的最后一部分,位于肛门的前面,作用是积累粪便。当直肠中的粪便积累到一定程度后就会向大脑通知这个状态,以便排便。

■ "水中火箭"

假如只释放烟幕弹,而不能迅速逃离的话,乌贼仍难避免危险。能快速逃离现场对其生存是至关重要的。乌贼的游动速度非常快,甚至不亚于鱼类中的游泳冠军旗鱼,所以人们称它为"水中火箭"。乌贼平时缓慢运动,可一遇到险情,就会以每秒15米(54千米/小时)的速度使自己远离强敌。有些乌贼移动的最高时速可达150千米。和靠鳍前进的鱼类相比,乌贼

小动物的大智慧

▲ 乌贼皮肤中有色素小囊，可以在一两秒钟内作出反应，调整体内色素囊的大小来改变自身的颜色，以便适应环境，逃避敌害。

不但运动速度快，而且加速度也大，可以从静止状态一下子加速几百倍，令人猝不及防。

乌贼出色的游泳能力源自其特殊的身体构造。它们的身体像个橡皮袋子，内部器官包裹在袋内，两侧有肉鳍，可以用来游泳和保持身体平衡。乌贼头部的腹面有个漏斗，这里不仅是生殖、排泄、墨汁的出口，也是乌贼重要的运动器官。当身体紧缩时，口袋状身体内的水分就能从漏斗口急速喷出，乌贼从而可以借助水的反作用力迅速前进。由于漏斗平常总是指向前方的，所以乌贼运动一般是后退的。

人们根据乌贼这种喷水推进方式，设计制造了喷水船。用水泵把水从船头吸进，然后高速从船尾喷出，推动船体飞速向前。以往的船舶螺旋桨是在水里转动而产生推动力的，它只能在深水中运用，而喷水推进船即使在1米深的水中也可以畅通无阻。喷水推进器在水中的噪声很小，敌方水下探测系统不易侦听，同时对自身携带声呐的干扰也小。所以采用喷水推进的潜艇和鱼雷，对于搜索和接近敌方都极为有利。除此之外，喷气式飞机、火箭等也都是应用这种反冲作用原理设计制造的。

角蜥：喷血退敌

我们身上的坚硬鳞片，强大到可以将响尾蛇刺死。当然，自然界中没有绝对战无不胜的利器，所以，我们还备有更有杀伤力的秘密武器，当然不到生死关头，我们很少使用它。这种秘密武器就是眼中喷血。喷血之前，我们先练个"蛤蟆功"，将自己的身体搞得膨胀了，然后加高压迫使眼睛中的血管破裂，喷出"血雨腥风"。

■ 御敌有法宝

角蜥生活在北美洲的沙漠中，是一种长相似蟾蜍的蜥蜴。它之所以能够在沙漠中生存，是因为它有防御敌害的法宝。

角蜥的第一件法宝是具有很好的保护色和高超的"拟态"本领。由于角蜥的体色与沙漠环境的色调一模一样，身体上的棘刺看上去也很像植物的枯棘，使那些凶猛的大型爬行动物、鸟类和哺乳动物很难发现它们，因而大大地降低了遭到敌害的袭击概率。这个"造型"不仅可以对付敌害，还能够迷惑猎物，使它只要待在一处不动，就可以坐等食物上门。

角蜥的第二件法宝是全身长有许多鳞片，这些又尖又硬的荆棘状鳞片，每个都像一把锋利的匕首，这是一种重要的防御武器。若伪装未能避开掠食者，那它们会马上膨胀身体，使身体上好像长了很多角刺，让掠食者感觉难以下咽而知趣离开。有的猎食者不够知趣，非要尝试一下，比如响尾蛇向角蜥冲过来，咬住角蜥的头部，企图一口将其吞下肚里。这时候它常常会被角蜥脖子上的匕首状鳞片牢牢地刺穿喉部。此刻，响尾蛇就会感到一阵极度疼痛，可这时想要吐出嘴里的角蜥又不可能了，因为鳞片刺的方向与它想要吐出的方向正好相反。这条凶猛的响尾蛇最后由于流血

| 小动物的大智慧

▲ 角蜥是一种变温动物，白天阳光灼照的时候，需要在沙土下躲避曝晒，夜间天气较凉，它也要藏身于沙地中保持体温。只有在温度适宜的时候才出来活动、觅食。

过多而死去。

■ 最后的绝招

除去以上两件法宝外，角蜥还有最后绝招。一些猛兽十分狡猾，似乎知道角蜥身上的匕首状鳞片的厉害，常常先不用嘴巴咬，而是企图用脚爪撕踏它，把它弄死后再吃掉。遇到这种危急情况时，角蜥就开始大量吸气，使自己的身躯迅速膨大，然后突然从眼睛里喷出一股殷红的鲜血来，猎食者会被这迎面喷来的鲜血吓得惊慌失措，角蜥此时便会趁机逃脱。

角蜥的这一绝招要到十分危急、关系到生死存亡的时候才会施展出来，因此并不太为人所了解。角蜥在喷血之前，身体里的闭孔肌会迅速作出反应，给脑血管的血液加压，这个压力对那些眼睛瞬膜里的娇嫩血管来说非常高，足以导致血管破裂喷出鲜血，使血液喷射到猎食者的脸上。

猝不及防的"腥风血雨"往往使猎食者落荒而逃。这样不单可以吓坏掠食者，其血液的气味对犬科及猫科动物来说是很难闻的，这会让一些掠食者顿时失去胃口。不过，这种方式却对掠食性的鸟类不起作用。角蜥很多时候会将头向上仰，让其角直立，避免从空中来的猎食者抓住头部。

当然，对人类来说，眼部血管破裂这种现象就太可怕了，因为血管破裂意味着脑溢血，会有生命危险。但角蜥头部血管中的局部高血压，不仅不会对生命构成威胁，反而可以用这种"危险游戏"吓跑敌害，从而拯救自己的生命，堪称是御敌绝招了。

臭鼬：威猛的"毒气弹"

我们以放臭屁来保护自己。其实，这种臭屁不是气体，而是一种液体。喷到谁身上，不但能把它们熏晕了，还具有麻痹作用。这么威猛的"毒气弹"，让大多数地面猎食动物对我们退避三舍。然而，我们却不能奈何空中的猛禽，见到它们，只能怨自己出门没烧香。

■ "毒气"究竟有多毒

臭鼬广泛分布在北美洲地区，树林、平原和沙漠地区都有活动。它白天在地洞中休息，黄昏和夜晚出来活动。臭鼬大小如猫，长着一身醒目的黑白相间的皮毛。有一条蓬松粗大的尾巴，看起来像一只哈巴狗。它常用高耸的尾巴以及那黑白相间的颜色来恐吓敌害。

如果敌害靠得太近，臭鼬会头朝下，后爪朝上抬起，高高竖起尾巴，前爪不停跺地，警告敌害不要靠近。如果这样的警告未被理睬，臭鼬便会向敌人放臭气。原来，在臭鼬的尾巴下面有一对皮下腺体，能分泌出一种奇臭无比的液体。

臭鼬的臭液不但极臭，而且还具有麻痹作用。许多捕食者闻到这种

▲ 臭鼬在加拿大和美国都非常常见，甚至被当做宠物驯养。

小动物的大智慧

▲ 所有种类的臭鼬身上都有黑色和白色的斑块，但是任何两种或是同一种内任何两只臭鼬的颜色样式都不相同。标号为"1"和"2"的是两只普通臭鼬；标号为"3"的是一只獾臭鼬，它正在用长长的、光洁无毛的鼻子搜寻猎物；标号为"4"的是一只西部斑臭鼬；标号为"5"的是大尾臭鼬，背部为白色。

臭气，马上就会鼻孔流涕，精神委靡，失去追捕的勇气。更厉害的是，倘若这臭液喷到了捕食者脸上，那强烈的恶臭足以使其昏迷。要是进入了眼睛，那就更加可怕，它会使眼睛又辣又疼，使对方流泪不止甚至失明。要是臭液沾在物品上，那股恶臭的气味，很久都难以消除。

臭鼬臭液的成分是一种叫丁硫醇的物质。一只臭鼬每天大约可产1毫升丁硫醇，存储于肛门腺，一旦需要，臭鼬便前脚倒立，眼睛瞄准，肛门冲着对方将臭液喷射出去，其臭液可以喷至4米远的地方，可见力量之大。而且在3.5米距离内，臭鼬一般百发百中。其强烈的臭味在约800米的范围内都可以闻到。正因为如此，大多数动物见了它们都要退避三舍，不去碰它。

虽然臭鼬的毒气弹威力惊人，但照样有可以制伏它的动物，如鹰、鹫等鸟类正是它的天敌。当鹰、鹫等鸟类从空中突然袭击臭鼬时，臭鼬一时无法招架，没有时间和机会施放它的毒气弹，只能束手就擒。另外，由于对自己的臭气过于依赖，许多臭鼬也因此被汽车撞死。因为它们不大清楚撞上汽车会有生命危险。面对一辆驶来的汽车，它们往往站在那儿翘起尾巴，希望能把汽车吓走。

负鼠:"诈尸"是这样炼成的

在遭遇敌害时,我们先发出威慑的嚎叫声,如果这招不管用,我们就得出奇招了:突然瘫软,脸色变淡,嘴巴大张,眼睛紧闭。突然的"死亡"把我们的对手给吓蒙了,一时不知如何是好。如果,此时对手有点醒过神来,那么我们就继续将"戏"演下去:从肛门处排放出一种恶臭的液体,让对手误以为"尸体"开始腐烂。如此倒胃口的"尸体",让爱吃鲜肉的大型猎食者只好悻悻离去。

■ 装死是拿手本领

美洲大陆的负鼠,喜欢生活在树上,行动十分小心。常常先用后脚钩住树枝,站稳之后再考虑下一步动作。当负鼠认为自己面临麻烦时,它通常会跑到树上逃避危险。一旦遭遇危险,无法马上逃离,负鼠就会装死。

装死是负鼠避敌的绝招,可以迷惑许多敌害。它在即将被擒时,会立即躺倒在地做假死状,脸色突然变淡,张开嘴巴,伸出舌头,眼睛紧闭,将长尾巴一直卷在上下颌中间,肚皮鼓得老大,呼吸和心跳中止,身体不停地剧烈抖动,表情十分痛苦,

使猎食者一时产生恐惧感,不再去捕食它。如果这样还不足以迷惑对方,负鼠会从肛门旁边的臭腺排出一种恶臭的黄色液体,这种液体能使对方更加相信它已经死了,而且开始腐烂。

这时候,如果猎食者触摸其身体

▲负鼠性情温驯,常常夜间外出,捕食昆虫、蜗牛等小型无脊椎动物,也吃一些植物性食物。

的任何部位，它都纹丝不动。大多数猎食者都喜欢新鲜的肉，一旦猎物死了，身体就会腐烂，全身布满病菌。因此，不少猎食者看见负鼠鼻孔中一点气也不出，连体温都下降了许多，以为它的确已经"死"亡了，就不会再碰它。待敌害远离，短则几分钟，长则几小时，负鼠见周围已没有什么危险，便恢复正常，爬起来逃走。

负鼠装死之所以行之有效，是因为任何凶残的猛兽，如狮子、老虎都不敢贸然接近刚死的猎物。恐惧感使猎食者的食欲受到抑制，对已到手的猎物暂时失去了兴趣，这就给了负鼠伺机逃脱的机会。而负鼠从装死的状态到突然撒腿逃命，这一反常的表现，又把猎食者给唬住了，它们也就不再去追杀。

■ 是装死还是真晕了

曾经有人认为负鼠不是装死，而是在大难临头时被猛兽给吓昏过去了。到底是装死还是晕倒呢？科学家用一种仪器对负鼠进行检测，才揭开了负鼠装死的真正奥秘。

动物的大脑能不断地发出脉冲，形成一种生物电流。根据大脑生物电流的特性，可以判断出生物是睡觉还是麻木，是昏迷还是清醒。对处于"死亡"状态的负鼠进行仪器测试，结果发现它们的大脑不但一刻也没停止活动，而且工作效率更高，比平时更为活跃。由此看来，负鼠在装死时是在紧张地等待逃跑的机会，它不是被吓晕了，是真正地在装死。

负鼠"装死"时的情况，与癫痫病人的举动实在太像了。不过，人患了癫痫症会感到十分痛苦。然而，负鼠的"癫痫症"就不同了，不仅无痛无痒，还是死里逃生的一种绝招。一遇到危险，"癫痫症"就马上发作。

负鼠的"癫痫症"为什么会发作得如此快呢？原来，负鼠在遭到敌害威胁或袭击时，体内会分泌出一种麻痹物质，这种物质迅速进入大脑，使它立即失去知觉，躺倒在地，似乎已一命归天。这种"假戏真做"的办法，是负鼠天生的一种自卫本能。

"动物界的刹车手"

负鼠会在疾奔中突然立定不动，这种本领常常能迷惑住猎食者。猎食者往往会被吓得大吃一惊，也急忙"刹车"，并且还会在停在那里，"丈二和尚摸不着头脑"。而这时，站立不动的负鼠却又突然跃起，疾步逃奔。这种突变使猎食者惊慌失措，常常站在那里呆若木鸡，眼睁睁地看着负鼠逃跑。等追捕者清醒过来时，负鼠早已跑得无影无踪了。因此，负鼠又被称做"动物界的刹车手"。

防不胜防的捕食妙招

蚁狮：自己动手，填饱肚子

蜘蛛结网等猎物撞上门来，我们没网可用，只好想别的办法来丰衣足食。这个办法就是自己动手挖"陷阱"，等倒霉的家伙——蚂蚁来送命。

■ "杀蚂蚁之狮"

蚁蛉是一种长得很像蜻蜓的昆虫，多为夜间活动（蜻蜓为白天活动）。蚁蛉的幼虫就是蚁狮。蚁狮不但不是蚂蚁的朋友，相反还是蚂蚁的终极杀手，它的名字的含义就是"杀蚂蚁之狮"。

这个杀手虽然个头不大，身长只有1厘米左右，但是外表凶悍。蚁狮前胸形成可动的颈；腹部卵形，沙灰色；全身长有细毛。蚁狮最有特点的是它的头部。其头部大，方形，有一对尖锐而有力的颚管，用来刺入猎物体内，即便是金龟子这种有着坚硬外壳的昆虫，也能被它刺穿。这对颚管其实是弯曲的空心长管式口器，由上颚和下颚组成，内侧有镰刀状的齿。

蚁狮是狡猾十足的掠食者，它喜欢住在沙地里，筑漏斗形凹坑（2.5～5厘米深，口部2.5～7.5厘米宽），然后将自己埋在坑底，仅露上颚在外，捕食滑入坑底的昆虫。虽然蚁狮的嗅觉和视觉都出奇地差，但是全身密布的细小鬃毛使它的触觉非常灵敏，一旦蚂蚁落入沙陷阱，蚁狮马上就会察觉并开始行动。首先它会不

▲蚁狮

断向外弹抛沙子，使受害者被流沙推入陷阱底部，然后蚁狮就用大颚将猎物钳住，并用锋利的爪子牢牢地抓住受害的蚂蚁，直至其死亡，然后把颚管刺入动物体内并注入含有蛋白消化酶的毒液，进行肠外消化后吸食。

■ 精心布置陷阱

蚁狮建造陷阱并不是草草了事，相反，它们是经过了精心的选择和布置的。

湿润的泥土地会让沙子聚结，明显不利于挖掘和捕食，所以首先蚁狮会找一个较为干旱的沙地安家。蚁狮一般都选择小于直径0.63毫米的细沙地建造陷阱，专家研究后发现陷阱里的沙粒越小，越容易滑落和流动，越有助于提高蚁狮捕食效率。

一般而言，蚁狮个体越大，所处的陷阱直径也越大。但是一些中小型蚁狮也会建造相对大的陷阱以增加猎物落入陷阱的概率。

建造大直径的陷阱所消耗的能量无疑更大，所以蚁狮也不会片面地贪多求大，如果沙地的密度过大，挖掘变得艰难，蚁狮就会灵活变通，小一点的陷阱也能凑合着用。

▲ 蚁狮的成虫蚁蛉

选好位置后，蚁狮会在沙地上一面旋转一面向下钻，用腹部为犁，用头部为锹承受掘松的颗粒，并将其抛出坑外，在沙上做成一个漏斗状的陷阱，自己则躲在漏斗最底端的沙子下面，并用大颚把沙子往外弹抛，使得漏斗周围平滑陡峭。即使轻盈如蚂蚁这样的小昆虫落入陷阱，都能引起沙粒的崩落和滑坡。

为了保证陷阱的灵敏度，蚁狮还会在吸食猎物躯体的内容物后把空壳扔到坑外。

| 小动物的大智慧

流星锤蜘蛛：耍兵器的"女侠"

我们家族的女子不爱红妆爱武装啊，不在树上织网，反倒喜欢舞动兵器流星锤。这个流星锤，真乃绝世少有的宝器，不但会散发出勾引夜蛾的香味，还是超强"万能胶"。一旦我们将这个流星锤甩向夜蛾，它就没得跑了。你肯定会好奇，我们女子都这样动刀动枪的，那么我们家族的男性成员更应该是威猛的大将军吧？猜错了。我们的男同胞们不用这些外在兵器，它们藏在叶片边缘直接利用第一对大脚来捕杀猎物。

■ 散播香水引诱飞蛾

流星锤蜘蛛很小，雌性体长15毫米，而雄蛛体长仅2毫米。它们属于圆蛛科，但又不同于典型的圆蛛科蜘蛛。圆蛛科蜘蛛通常都会建构圆网来捕食猎物，而流星锤蜘蛛虽然会吐丝，但并不会结网。不过，别看它们又小又不会结网，却是很狡猾的暗夜杀手。

流星锤蜘蛛会分泌一种特殊的蜘蛛丝，其末端有一个直径约为2.5毫米的丝球，外形很像古代的一种武器流星锤（一种把金属锤头系在长绳一端而制成的软兵器），因而得名流星锤蜘蛛。这种特殊的蜘蛛丝就是它诱捕猎物的武器。

每当夜幕降临后，流星锤蜘蛛便出来捕食了。它们用步足把"流星锤"从吐丝器里拽出来，不停地挥动"流星锤"，为的就是将"流星锤"内部的化学物质散发出去。这种化学物质类似于雌性飞蛾的性激素气味，能够引诱雄性飞蛾。一般每种流星锤蜘蛛所分泌的"香水"通常只针对一两种特定的蛾类，有些蜘蛛还能够根据周围飞蛾的种类而改变"香水"的味道。有一种流星锤蜘蛛在入夜时分能分泌两种"香

为防天敌装成鸟粪

一些雌性的流星锤蜘蛛腹部及背上具有许多小球状突起,这样的瘤状外观配合它们圆大而花白的腹部、棕色的头胸部使整个蜘蛛像极了鸟类粪便。鸟类粪便常被留在叶面上方,这种雌蛛通常就躲藏在这些叶面下方。这种具有防御性的拟态外观除了保护蜘蛛不被天敌注意外,也可以使蜘蛛的猎物降低注意力。还有种流星锤蜘蛛看起来就像蜗牛壳,并且它也常栖息在蜗牛的栖地中。当被其他动物搬动时,有些雌性流星锤蜘蛛还会释放出刺激性的气味,就像臭鼬一样,让对方不好下口。

水",以同时吸引较早活动和较晚活动的两种飞蛾;但后者出没时,因为该蛾类会躲避吸引前者的"香水",故蜘蛛会相应减少吸引前者的"香水",以利于吸引后者。

■ 夺命的黏性流星锤

仅能吸引猎物到来还是不够的,还得有趁手的武器。而流星锤蜘蛛的武器同样是它的那根特殊蜘蛛丝。

"流星锤"不仅能够散发吸引飞蛾的"香水",而且黏性非常强。黏球内部结构复杂,由卷曲或折叠状的丝包覆着大量主要黏液,主要黏液表面则有黏性较低的次黏液。当飞蛾接触到黏球时,次黏液会渗入飞蛾表面的鳞粉直至接触到飞蛾表皮,同时会有更多的主要黏液提供强大的张力以维持猎物的重量。黏球内部的卷曲丝则可提供猎物摆动时的延展能力。每当有飞蛾接近的时候,流星锤蜘蛛就挥舞流星锤投向飞蛾,黏住飞蛾后快速回收并上前捕杀猎物。动物学家发现,至少有4种流星锤蜘蛛,有时候并不是以单一而是最多9颗的黏球排列在"锤链"上,这样能增加命中率。

流星锤蜘蛛的幼体与雄性成体并不使用流星锤来捕食猎物。这可能是因为它们只能制作小型的流星锤,而这种流星锤会因较快就蒸发而失去功能。然而,它们会躲在叶片边缘,利用第一对步足直接捕捉猎物,因为它们还具有优异的视觉功能。它们也可能利用昆虫飞行的声音以侦测猎物。

捕鱼蛛：设假象的家伙

在其他蜘蛛看来，我们家族的成员肯定很怪异，不务正业，放着好好的飞虫我们不捉，偏要去捉什么小鱼。哎，不理解也罢了，总为同类的言论而活，那得多累啊。在水上捕鱼，必得有我们的独门绝技。别看我们不会游泳，却能借助叶片的浮力，在水面上迷惑小鱼。等到小鱼受骗，游到附近时，我们立即将自己的毒牙刺入它的致命处，然后拖到干燥地方，美美地享用。

巧设陷阱诱捕小鱼

捕鱼蛛是盗蛛科的一个属，又称食鱼蜘蛛、狡蛛、跑蛛等，是一种半水栖动物，一般生活在靠近水面的岩壁上。它们生性凶猛，因擅长捕鱼而得名，也会以水面浮游生物、昆虫等为食。

同普通的蜘蛛相反，捕鱼蛛捕食时并不结网——水面就是它的网。捕食时，捕鱼蛛常用后面的步足抓住树叶的叶柄，其余的附肢轻轻拍打水面，就像在水面挣扎的小虫子，以引诱周围的鱼类来吞吃。当有小鱼被吸引到附近时，它先以长长的螯肢扼住鱼体，随即迅速将螯肢尖端的毒牙刺入敌人最致命处，并快速注入带有毒性的消化液，使猎物失去抵抗力，这个过程还不到0.42秒。然后它会把鱼拖到干燥的地方（如果继续泡在水中，毒液会被水冲淡而失去效果），

▲ 捕鱼蛛生性凶猛，一般生活在水面岩壁上，主要以水面浮游生物、昆虫等为食，也是猎杀小鱼的高手。

▲捕鱼蛛分布很广，除了南美洲外，几乎各洲都有它的足迹。

体内还生有密密麻麻的气管和支气管。这些强大的气管系统可以让捕鱼蛛吸入更多的空气带到水下。

外形特征也是捕鱼蛛能潜水很久的重要因素。捕鱼蛛的身体和6对附肢上都生有许多细小的绒毛，每当捕鱼蛛从空气中进入水里的时候，由于表面张力的作用，在这些绒毛表面会产生很多气泡。捕鱼蛛就这样巧妙地利用身体特征和气压原理，随身携带着"氧气瓶"潜入水中。

再慢慢享用。

■ 潜在水里伺机偷袭

既然是捕鱼蛛，当然不可避免地要和水打交道。有时捕鱼蛛也钻到水中的树枝上，埋伏偷袭猎物，潜水时间近一小时。

捕鱼蛛在水下怎么呼吸呢？原来，除了拥有像其他昆虫一样的气管外，蜘蛛还有个特殊的呼吸器官——书肺。书肺也叫"肺囊"，位于蜘蛛腹部前方两侧，由许多很薄的叶片状物体构成，这些叶片可达200多片，它们就像书本的纸页一样。同时，它的

附 肢

附肢一般指着生在动物身体上有运动或其他功能的器官。如节肢动物的触角、胸足、腹足和脊椎动物的胸鳍、腹鳍与前肢、后肢，均可称为附肢。

把网当成育婴室

捕鱼蛛通常不会用蜘蛛丝来捕食，反而是用它载着卵，作用就好像育婴室。雌性蜘蛛只需花很少时间便可以造出一张网，它们载着卵到处走动，通常长达24小时。而北美洲的捕鱼蛛，甚至会留在网中一个星期。

行军蚁:"蚁海战术"

在江湖上我们有个别名:食人蚁。其实,这是你们人类害怕我们,想象出来吓唬自己的。我们哪有这么强的战斗力啊?不过,对于体型比我们大得多的蟋蟀、蚱蜢,我们群起而攻之,它们还是难逃厄运的。"集体主义"是我们家族的信条和传承,有时为了共同的利益,我们家族中的某些成员,会甘愿牺牲自己换取大多数成员的幸福生活。它们是我们的英雄,永远活在我们心中。

■ 恐怖的"屠杀专家"

行军蚁通常身长1~2厘米,生活在热带地区的雨林里。它们属于迁移类的蚂蚁,没有固定的巢穴,习惯于在行动中发现猎物。由于它们在行军中对碰到的任何可以捕食的猎物绝对不放过,所过之处如同被洗劫一般,所以又叫劫蚁。此外,它们还有个令人闻之色变的大名——食人蚁,其实它们的战斗力有限,一般来说并不能致人和大型家畜于死地。

行军蚁是一种恐怖的屠杀专家。它们强有力的颚能很快地咬穿人们的衣服,甚至当把它的头和身体被分开后,两颚仍然能继续狠狠地咬在一起。过去南美的印第安人曾利用它的两颚来缝合伤口。而且它们的颚末端像个鱼钩,很容易刺入皮肤,一旦紧咬在一起,连它们自己也不能轻易解

▲一个行军蚁军团正在取食一只蚂蚱。行军蚁的攻击对森林有一定的好处,攻击过后的地区会变成一个适宜动物居住的地方。

独门杀手锏

▲晚上,行军蚁互相咬在一块休息,形成一个蚂蚁团。工蚁在外圈,兵蚁和小蚂蚁被围在里面。这样做的目的为了是保护它们的下一代。

脱。此外,它们的唾液里也含有毒素,猎物被咬伤后,很快就会被麻醉而失去抵抗力。它们的毒素虽然对人类不构成危险,但人类若被叮到,也会疼痛好几天。

■ 不可阻挡的"军团"

不仅拥有屠杀利器,行军蚁最可怕的还是数量众多。行军蚁是群居性掠夺者,一般一个群体就有一两百万只,捕猎能力十分惊人,几乎所有跑得慢的动物,或者是敢跟它们作对的动物,都会被它们撕成碎片而变成它们的盘中餐。蟋蟀、蚱蜢等身体比它们大的昆虫,哪怕是比它们大上百倍上千倍的"大块头",都是行军蚁的美食;睡觉的蛇即使如大蟒,一旦被行军蚁军团包围,也难逃厄运,只落得白骨根根。

成千上万只行军蚁出征时场面很大,它们的纵队有时超过23米宽,一路上浩浩荡荡,势不可当。在行进中为了克服障碍物或穿过河流,行军蚁能用自己的身体搭建桥梁。哪怕前面有大河阻挡,这支"大军"仍能渡过河去。那种渡河的方式是世上少见的:它们抱成一个大球,在河中滚动着,这样,只会有少数被河水冲散了的被淹死,而大部分都能漂过河去,顺利"登陆"。

| 小动物的大智慧

鮟鱇鱼：会钓鱼的"铁娘子"

钓鱼不只是你们人类才有的本事，我们鮟鱇鱼也可以在海底中钓鱼的。你没有听错，这是真的。而且，我们钓鱼时，还秉承你们的姜太公精神——愿者上钩。什么？你问我们的钓鱼竿在哪儿？这根竿子就长在我们的背上。没有钓饵，怎么"勾引"鱼？这就是我们与众不同的法宝了。我们钓竿的顶端会发出亮光。在黑暗的海底世界里，追逐光明的鱼儿，就这样无辜地成为我们的食物。我差点忘了告诉你，这些本事只有我们雌性鮟鱇鱼才有，我们丈夫的钓竿不发光，所以，它们是专职"吃软饭"的。

■ **三分像鱼七分像鬼**

鮟鱇安康鱼俗称结巴鱼、蛤蟆鱼、海蛤蟆、琵琶鱼，一般体长40~60厘米，体重300~800克，最大的可达1~1.5米。前半部扁平呈圆盘形，尾部柱形，由上往下看，像有柄的煎锅一样。腹鳍长在喉头，体侧有个宽大的胸鳍，看起来像手臂一样。

鮟鱇鱼长相不大讨人喜欢，龇牙咧嘴，眼睛朝天；皮肤凹凸不平，棘刺四射；全身棱棱角角，异常粗糙，真有些三分像鱼七分像鬼，难怪有人把它叫做"海鬼鱼"。然而，这一切都是为了隐蔽的需要。鮟鱇鱼主要栖息在30~500米间的近海沙泥底质的

鳍 棘

鳍是鱼类的运动器官，由薄膜和硬刺组成。硬刺也叫鳍条，有两类：一类是不分支不分节的角质鳍条，为软骨鱼所特有，即所谓的鱼翅；另一类是由鳞片衍生而来的鳞质鳍条，为硬骨鱼类所特有。鳍棘属于后者，是一种棘刺状鳍条。

海底，其暗褐色的身体上光滑无鳞，散杂着许多小白点，整个体色与海底颜色极为相似。头及全身边缘有许多皮质突起，看起来就像海底的坑坑洼洼，有些鮟鱇鱼口内长有黑白斑纹，配合明暗交错的波光，非常容易迷惑对手。鮟鱇鱼还能适时变色以适应环境，尤其是那种身披饰穗的鮟鱇鱼，俨然一副红海藻的模样，更擅长潜伏捕食和逃避天敌的追杀。

■ 黑暗海底的一盏灯

鮟鱇鱼的肌肉松弛，运动器官不发达，加上身体笨重，游泳相当困难，只能用像手臂一样的胸鳍贴着海底爬行。即便如此，安康鱼也并不是靠天吃饭，相反，它还是出了名的专业"钓"鱼能手。原来，鮟鱇鱼最特别之处是它的背鳍前三根鳍棘分离，第一鳍棘顶端生有会发光的皮瓣（也叫皮质穗），像一只悬挂明灯的钓鱼竿。鮟鱇鱼常常把这根钓竿竖立在大嘴巴的上方，钓竿顶端会发出亮光并不断摇晃，这在暗淡无光的海底十分显眼，也能轻易引起周围鱼、甲壳类等趋光性动物的注意和兴趣，并引诱它们冲向闪光。一旦这些"自愿"上

▲ 长相丑陋的鮟鱇鱼

钩的猎物靠近，鮟鱇鱼就马上发出一连串的捕食动作。它突然把钓鱼竿向后抬，张开血盆大口，从而形成一股向嘴巴流动的水流，轻而易举地把猎物吞入宽敞的口腔之中。在鮟鱇鱼的下颌长有2～3排可倒伏的尖牙，这样就可以防止吞到嘴里的猎物逃走了。鮟鱇鱼的胃弹性很大，某些种类能够吃下比自己身体大的猎物。它身体里具有一层防光的内膜，这样在吞食了发光的鱼后也不会造成光的混淆。

但有的时候这根闪烁的钓竿也会给它惹来麻烦。如果发光的诱饵吸引来的是凶猛的敌人时，鮟鱇鱼就不敢和它们正面作战了，它会迅速地把自己的小灯笼塞回嘴里去，海洋中顿时一片黑暗，鮟鱇鱼趁着黑暗转身就逃。冲着鮟鱇鱼来的大鱼，在黑暗中也无所适从，只得悻悻离去。

座头鲸：集体吐"水泡网"

别看我们块头大，看起来凶猛，其实，我们性情温和着呢。家族成员常以互相触摸表达感情，妈妈对孩子格外溺爱，小宝贝常用两鳍触摸着妈妈，就好像是抓在妈妈的身上。我们也不吃体型特大的鱼，只吃些小鱼小虾。会家族合作吐气泡，形成气泡网围捕鱼群。当然，与敌人格斗时，我们就不会温情脉脉的了，紧急时，我们甚至会用头部去顶撞，直撞得皮肉破裂，鲜血直流。

■ 奇妙的捕食方法

座头鲸属于须鲸亚目的海洋哺乳动物。它的长相奇特，背部不像一般鲸那样平直，而是向上弓起，故又名"弓背鲸"或"驼背鲸"；背鳍很短小，胸部鳍状肢窄薄而狭长，呈鸟翼状，所以又叫"巨臂鲸"或"大翼鲸"。

座头鲸捕食的方法很奇妙。第一种方法是冲刺式进食法，座头鲸将下腭张得很大（其特殊的弹性韧带能够使下腭暂时脱落，形成超过90度的角度，口的横径可达到4.5米）侧着或仰着身子朝虾群冲过去，吞进大量的水和虾，然后把嘴闭上，海水经由口腔内悬垂生长的鲸须缝隙间流出口外，只留下美味的食物。

第二种方法叫轰赶式进食法，座头鲸用鳍肢、尾鳍不停地拍击海水，把小鱼小虾连同海水一起赶到自己张开的

▲ 正在用"水泡网"法取食的座头鲸。

▲拍打水体也是座头鲸捕食的常用手段，可使鱼群受到惊吓，从而利于捕取。

大嘴中。这种方法也是只有当虾特别密集时才适用。

　　第三种也是最独特的猎食技巧，被称为水泡网捕猎法。座头鲸从大约15米深处作螺旋形姿势向上游动，并从头顶的喷水孔喷出许多大小不等的气泡，使最后吐出的气泡与第一个吐出的气泡同时上升到水面，形成了一种圆柱形或管形的气泡网，把猎物紧紧地包围起来，并逼向网的中心，在气泡圈内几乎直立地张开大嘴的座头鲸便一口就可以吞下数以千计的鱼群。这种捕食方法有时也运用于座头鲸的团队合作。当猎物数量很多时，一群座头鲸在鱼群的下方围成一个大圈迅速游动，利用喷水孔向上喷气形成水泡网，从而使鱼群被逼得更为集中，而后各个个体轮流进入水泡网中进食。这种捕猎团内的鲸鱼最多可达

鲸　须

　　鲸须是生长在须鲸类（如蓝鲸、长须鲸、大须鲸等）口部的一种由表皮形成的巨大角质薄片。它呈现梳子状，悬垂于口腔内，起滤食作用。须鲸进食时，会张开大口一次性吞下大量海水，接着闭上嘴巴将水吐出，海水中所含的食物则会被鲸须挡住而留在口中。

▲座头鲸

12条，而水泡网的直径可长达30米。有时不同群体之间会互相争食，因此，食物的多少、分布和种类也会直接影响座头鲸的数量。

■ 为何只吃小鱼虾

不可想象的是，座头鲸的身体虽然庞大，它的食物却都是些小型的鱼类，如毛鳞鱼、玉筋鱼等，磷虾这种体长1~2厘米（最大种类约长5厘米）的小型甲壳动物则是它的主要食物。至于座头鲸为什么会选择小型动物为食，则是受了食道的限制。相对于巨大的嘴，座头鲸的食道显得非常小，不能吞下较大的食物，只能吃些小动物。

虽然食物很小，座头鲸的食量一点也不小，因为只有这样才能维持它那硕大无比的身躯所需要的体能。座头鲸越冬期间有好几个月都不能进食，夏季时便要吃进大量的食物，它们常常可以连续吃上18个小时。由于日照充足，近南极冰川地带的海湾里浮游生物大量滋生，养育了以浮游动物为食的磷虾，数量巨大，常常数百万只群集在一起，因此为座头鲸提供了极为丰盛的食物来源。

暗藏玄机的特殊交流

小动物的大智慧

蚂蚁：触角就是"信号器"

触角是我们的交流器官，有嗅觉和触觉的功能。如果失去了触角，我们就等于是个废物了。从显微镜下可以看到我们的触角呈现膝状，分成4～13节，柄节很长，末端2～3节膨大。为了保证"信号器"的灵敏度，我们会经常用前足胫节上生长的像小梳子一样的距来清理触角。

■ **气味决定行动**

蚂蚁日常活动最依赖的是嗅觉，两根触角膨大的末梢就相当于蚂蚁的鼻子。有些蚂蚁，如行军蚁是睁眼瞎，虽然也有细小的眼睛，但视觉非常差，嗅觉对它们而言就更加重要了。

每只蚂蚁都能不断从腹尖的肛门和足上的腺体分泌出少量的、带有特殊气味的信息素，蚁后、雄蚁、兵蚁、工蚁的信息素都不尽相同，不同蚂蚁群之间的气味相差更大。所有蚂蚁之间都是靠气味来识别对方身份和等级的，所以两只蚂蚁见面的时候总会先嗅嗅对方，如果味道不对就可能会打起来。蚁后也通过气味维持它的威严和权威性，它的气味就好像在说："我是你们的女王，你们都要听我的命令。"

非常复杂的化学信息传达使蚁群所有成员能够统一执行复杂的任务，也使它们能够形成一个有机的整体。每当蚂蚁侦察兵出去找食物的时候，它会沿路用气味做路标，触角也会不停地在空气中摇晃来嗅寻食物。如果

▲蚂蚁是一种有社会性的生活习性的昆虫，属于膜翅目，和胡蜂是近亲。

找到的食物太大，它就先用气味在食物上做好标记，再沿着来时的路返回蚁穴，叫来同伴帮忙。就算你把蚂蚁放在陀螺上转好多圈，它也不会迷失方向，家的味道就像黑夜中的灯塔一样明亮。行军蚁的临时蚁巢经常会散发着一种带有麝香的气味，它们可不是好惹的，所以在热带雨林嗅到麝香的味道时可要当心了。

▲ 一只蚂蚁挺起腹部，向同伴传达信息。

当蚂蚁遇到危险时，它们身上会分泌一种叫"警报气味"的信息素，能够提醒、警告同伴。当工蚁们嗅到这种气味后，会立即严加看护幼蚁，而兵蚁们则会严阵以待，随时准备投入"战斗"。有趣的是死蚂蚁身上也会有特殊的味道。有人做过实验，把死蚂蚁研磨成粉末，撒在活着的蚂蚁身上，其他蚂蚁就会按照蚂蚁王国的法律规定把它拖到公墓里去，直到它身上的"死味"消散。

■ 顶角是在聊天

如果你仔细观察就会发现，两只蚂蚁见面的时候，都会先碰碰触角。这是为什么呢？除了先嗅嗅气味来打招呼（辨认对方）之外，蚂蚁还能通过这种方式来聊天（交流信息）。蚂蚁的触角分成10多节，可以表达10余种不同的信息，触角上密布着极细的绒毛也使得它们的触觉非常灵敏，只要轻轻一碰，就能领会对方想说的话，比如是否发现食物，前方道路是否有障碍，是否有同伴死去，是否有其他紧急情况需要增援等。

有些蚂蚁还有一些特有的肢体语言，比如挺起腹部站立起来以表示发现了很多食物；用腹部敲击地面，表示前方有危险；将尾部弯曲在双脚中间，这是在向伙伴们宣告战争即将拉开序幕。

小动物的大智慧

蜜蜂：舞蹈传消息

我们的国度是真正的"母系氏族"社会。蜂王是个女王，只负责生养。一生中除了领导"分家"以外，都是在闺房中度过的。蜂王的孕育方式很奇怪，它竟然能产下2种卵。一种受精卵发育成工蜂，这个庞大的体力工作者都是吃苦耐劳的女性成员。另一种是数量很少的没有受精的卵，发育成雄蜂，这个群体存在的主要任务是给女王提供精子。有幸成为女王"男宠"的家伙，提供了精子后就完成了它这一生光辉的使命而死去。落选的成员呢，则心情郁闷，从此之后自暴自弃，躲在蜂巢内啥也不干，专门做"懒汉"。最后被忍无可忍的工蜂给驱逐出去。

■ 用舞蹈指示蜜源

蜜蜂能通过舞蹈动作来传递信息，告诉伙伴蜜源的所在。如果侦察蜂发现有蜜源，就会赶紧回巢搬救兵。它会先在蜂巢上方跳舞，然后又到蜂巢的其他部分旋转，最后从蜂巢出口飞出，其他蜜蜂跟随而去，到预定的地点去采蜜。在传递信息的蜜蜂跳舞时，会激发周围的许多蜜蜂都随着前者起舞，由于舞蹈的队伍不断扩大，会使更多的蜜蜂得到蜜源的信息。同时，跳舞的延续时间越长，则表示蜜源越丰富，这时候需要出动较多的工蜂。

蜜蜂如何表示蜜源的方向呢？经过昆虫学家的仔细观察，发现蜜蜂的方向定位能力非常强，它们是利用日光的位置来确定方向的。侦察蜂在跳舞时，头朝太阳的方向，表示应向太阳的方向寻找蜜源。若是头向下垂，背着太阳的方向，则表示蜜源与太阳的方向相反。如果蜜蜂的头部与太阳的方向偏左形成一定的角度，表示蜜

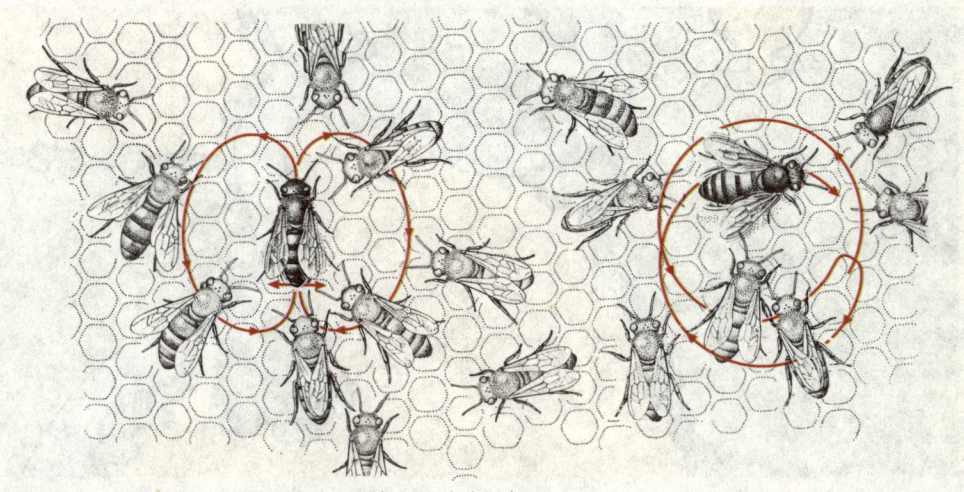

▲蜜蜂舞蹈的两种基本形式：左边为摇摆舞，右边为圆舞。

源在太阳的左侧有相应的夹角，如此往复旋转，方向准确无误。

距离又该怎么表达呢？侦察蜂用不同的舞蹈方式解决了这个问题。如果它在蜂巢上转圆圈，这是告诉同伴蜜源离这里很近，一般在45米范围之内。另一种叫做摇摆舞，侦察蜂先在蜂巢上转半个小圈，急转回身又从原地一点向另一个方向转半个小圈，舞步为"∞"字形旋转，同时不断摇动腰部，左摇右摆，非常有趣。这种动作表示蜜源不在近处，大约在90米至5000米范围之间。具体距离与舞蹈的圈数有关，如果每分钟转28圈，表示蜜源在270米处；如果仅转9圈时，蜜源就在2700米的地方，非常准确，误差极小。

■ 信息激素有妙用

蜜蜂的外激素也称信息激素，是蜜蜂分泌到体外的化学物质，通过个体间相互接触、食物传递或空气传播，作用于其他个体，能引起特定的行为和生理反应。

进错蜂巢的不同命运

蜜蜂的嗅觉灵敏，它们能够根据气味来识别外群的蜜蜂。在巢门口经常有担任守卫的蜜蜂，不使外群的蜜蜂随便窜入巢内。在缺少蜜源的时候，经常有外群的蜜蜂潜入巢内盗蜜，守卫蜂发现后会立即与其搏斗。但是在蜂巢外面，情况就不同了，比如在花丛中或饮水处，各个不同群的蜜蜂在一起，互不敌视，互不干扰。飞出交配的母蜂，有时也会错入外群，这时工蜂立即将它团团包围，刺杀母蜂。雄蜂如果要错入外群情况就不同了，工蜂不会伤害它，因为蜜蜂培育雄蜂本就不只是为了本群繁殖的需要，也是为了种族的生存。

▲ 从巢穴入口看去，跳"摇摆舞"的时候，直线竖直的角度与食源和太阳之间的角度相关联。

蜂王上颚腺分泌的一组化合物，通常称为蜂王信息素，蜂王会巧妙地调整蜂王信息素的成分实现不同的目的。在蜂王婚飞时，蜂王信息素能吸引雄蜂与之交配；当蜂王返回巢穴后，它身上的蜂王信息素会被工蜂舔取，有抑制工蜂卵巢发育、抑制其另建王室的作用；在蜂群分蜂（分离成两个蜂群）时，蜂王分泌的信息素有兴奋和激发蜂群的作用，能吸引工蜂跟随它。

工蜂的蜂臭是它们进行交流的一种重要的外激素，由工蜂腹部最后一个环节背板上的臭腺分泌。在分泌蜂臭时，工蜂腹部会微微上翘以露出臭腺，振动双翅煽风，使之在工蜂间快速扩散。蜂臭的作用主要有：招引同群的工蜂归巢；自然分蜂时工蜂在结团地点招引蜜蜂聚集结团；侦察蜂在采集地点释放蜂臭作为采集点标志；在处女王交配的前后，工蜂同样会通过蜂臭来引导处女王出巢和进巢。

萤火虫：爱我，你就闪一闪

要论谈情说爱，制造浪漫，我觉得我们家族的成员算是数一数二的了。盛夏的夜晚，我们的男同胞们打着浓情蜜意的"小灯笼"在田野中飞舞，寻找着心上人。而我们娇羞的女同胞们由于没有翅膀，只能着急地在这边点"灯笼"来呼应。等到洞房花烛之后，我们的"小灯笼"的光亮就减弱了。另外，我们的"小灯笼"也能起到警示牌的作用，警告我们的天敌少惹我们。

■ 夜里的求爱信号

萤火虫是鞘翅目萤科昆虫的通称，分布于热带、亚热带和温带地区。因该科大部分种类的腹部末端都有发光器，可以发出黄绿色光，因此被称为萤火虫。萤火虫在夜间活动，卵、幼虫、蛹和成虫都能发光，其中成虫发的光是交配季节雌雄之间的联络信号。

萤火虫变蛹化为成虫后的生命很短暂，一般只有两个星期左右，短的只有5天，此时进食成长都变得次要了，而繁衍后代则成为当务之急。为争取时间追求配偶，萤火虫在日落一小时后非常活跃，不断发光吸引异性。在晚上11点半过后，大部分萤火虫都找到了对象，成虫能量也消耗殆

▼萤火虫尾部呈白色，是因为其身体内的反射层细胞含有白色颗粒状尿酸盐的结晶，它能阻挡光射入虫体内，并能通过透明的表皮把光反射到体外去。

尽，便逐渐停止发光。

不同种类的萤火虫有不同的发光模式，光的颜色、持续时间、间隔、闪烁次数、飞行高度等方面各不相同。比如，有些反复一明一灭，有些则持续发出暗淡的光。同一属的萤火虫的形态往往长得很相似，区分它们的重要特征就是其发光模式。独特的发光密码使同种雌雄能相互识别，避免出现有害的杂交，进化生物学将这种现象称为"生殖隔离"机制。

萤火虫求爱的时候会演绎出一种特别复杂的信号系统。雄性的萤火虫在夜色里首先发出一闪一闪的有节奏的闪光信号，表达求偶信息。栖息在林间的雌性萤火虫看到后便会发出应答信号。应答与呼叫之间有着节奏固定、结构严密的间隔。经过雌雄几次对光传达信息之后，雄虫便循着雌虫所发出的光飞过去与雌虫交配。交尾结束后，雌雄都会同时将光减弱。

■ 受到惊扰光更亮

既然萤火虫在夜晚发出张扬的可见光，无论是觅食的幼虫还是求偶的成虫，它们就都要承受一种风险——吸引捕食者。早期学者就提出假设：萤火虫发光除了求偶、沟通之外，还有警告掠食者的功能，就好像在对敌人说："我有毒，别惹我！"但是直到近几年，才有学者验证了警示说。研究发现，每当萤火虫幼虫受到惊扰后，细长小巧的头部缩回前胸背板内，尾部的发光器不仅不熄灭，反而发出明亮的长光脉冲，好像有恃无恐。为什么会这样呢？原因在于萤火虫的两个秘密武器——自身的难闻味道以及黏稠血液中的有毒化合物。

水栖的萤火虫幼虫拥有可以翻缩的防卫腺体，这些"牛角"状的腺体平常隐藏在体内，当幼虫一级戒备时，幼虫身体缩小，血液压力增大，增大的血液压力将幼虫身体两侧

▲萤火虫是一种完全变态的甲虫，一生历经卵、幼虫、蛹及成虫四个时期，于夏季成熟。所以夏季夜晚，在有水的地方，我们常常可以看到成群的萤火虫不停地发光的情景。

对称的10对白色腺体从"眼睑"状的开口——翻出，犹如一具具导弹发射器，浓烈的难闻气味会将掠食者轻松赶走。如果掠食者仍然不识趣继续骚扰，试图撕咬并吞食萤火虫幼虫，萤火虫幼虫黏稠的血液会粘住掠食者的触角、口及眼睛，难闻的味道及血液中有毒的化合物会使掠食者呕吐并受伤。这种可怕的经历会使捕食者将发光和难吃紧紧联系并烙印在基因中，传递给后代。

▲ 萤火虫白天并不发光。

■ 为什么会发冷光

萤火虫尾部的发光器是由发光细胞、反射层细胞、神经与表皮等所组成。如果将发光器的构造比喻成汽车的车灯，发光细胞就犹如车灯的灯泡，而反射层细胞就犹如车灯的灯罩，会将发光细胞所发出的光集中反射出去。所以虽然只是小小的光芒，在黑暗中却让人觉得相当明亮。萤火虫的发光细胞中有两类化学物质，有一种含磷的化学物质被称为荧光素，另一类被称为荧光素酶。而萤火虫的发光器之所以会发光，起始于传至发光细胞的神经冲动，使得原本处于抑制状态的荧光素被解除抑制。荧光素在荧光素酶的催化下氧化，伴随产生的能量便以光的形式释出。由于反应所产生的大部分能量都用来发光，只有2%～10%的能量转化为热能，所以当萤火虫停在我们的手上时，我们不会被萤火虫的光给烫到，所以有些人称萤火虫发出来的光为"冷光"。

萤火虫不仅具有很高的发光效率，而且发出的冷光一般都很柔和，很适合人类的眼睛，光的强度也比较高，是一种人类理想的光。近年来，科学家先是从萤火虫的发光器中分离出了纯荧光素，后来又分离出了荧光素酶，接着，又用化学方法人工合成了荧光素。由荧光素、荧光素酶、ATP（三磷酸腺苷）和水混合而成的生物光源，可在充满爆炸性瓦斯的矿井中当闪光灯。由于生物光源没有电源，不会产生磁场，因而可以在这种光的照明下，做清除磁性水雷等工作。

小动物的大智慧

海豚：特殊的语言系统

> 我们长相可爱，头脑聪明，智慧的程度跟陆生动物灵长类相当，在有些方面甚至更强。我们家族的成员天生热情、活泼、喜爱热闹，喜欢过群居生活。你一定很好奇，我们是怎样同对方"说话"的吧？很简单啊，我们有一套自己的语言系统，这套系统以发射超声波来交流沟通。很可惜，不借助特殊仪器，你们人类根本不能"窃听"我们的交谈。

■ 海豚的语言多姿多彩

海豚是群居性动物，喜欢过"集体"生活，一群少则几条，多则上百条，因此语言在海豚生活中显得非常重要。根据科学家的研究，海豚非常聪明，它们的智力与灵长类动物相当，有些方面甚至更强。相应地，它们的语言也显得多姿多彩。根据科学家的研究，海豚利用200～350千赫以上的高频率波联络同伴，而人类的听觉范围介于16～20千赫之间；它们可发出尖叫声、口哨声、叹息声、啊啊声等32种声音，加上发音的长短和间隔，可以组成许多不同的"词汇"传递信息；每只海豚都有属于自己的特别叫声，以此用来辨出身份；海豚之间也有"方言"，一个种群的海豚与另外一个种群的海豚之间的语言是不通的；海豚还会唱歌，不过这种歌声人是听不到的，必须用专门的超声波声呐接收装置才能"窃听"到。

海豚的日常交流主要靠声音。其声波类型有三种，一种是口哨般的声音，叫哨音；一种是猝发脉冲声；第三种是咔嗒声。哨音和猝发脉冲声主要用于通信和交流，咔嗒声主要用于目标定位。海豚不同频段的叫声与不同行为有关。一群海豚一起出游时常发出一种声音，大约占全部哨音的

▲ 海豚是一种社会性动物，个体之间用各种声音交流。

57%，其特点是音调先上升再下降。在它们进食或玩耍时，这种叫声会大大减少。当海豚发出呼救信号时，开始声调很高，而后渐渐下降。当海豚因受伤不能升上水面进行呼吸时，就会发出这种尖叫声，召唤近处的伙伴火速前来相救。此外，海豚"社交"时还会发出特有的"平直调"和"上升调"。

除了声音语言外，海豚还常常用行为来"说话"。它们常成群在海上跳跃，这是海豚的一种点名方式，表示"出发"和"回家"两种信号；而且如果它们保持一定速度和规律跳跃前进，还可以减少水的阻力。在交配期的雄海豚，除了利用声音作为示爱的工具外，常会表现出特别的行为以吸引雌海豚的注意，这些求爱的行为有追逐、浮出水面、跃身击浪、胸鳍相互接触等。

■ 奇妙的"说"和"听"

海豚的发声和收听系统就是我们常说的声呐系统，又叫回声定位系统。凡是鲸类都具有声呐系统，其中以海豚的最精密，它们能利用声波分毫不差地测出附近物体的形状、材料、位置，全部过程只需2秒钟。

跟人类的"说"不同，海豚的声音不是由嘴部发出的，而是由前额发出来的。海豚的头顶有个呼吸孔，在水下游动的时候，呼吸孔关闭起来，经由一阵复杂的"水管"系统作用，呼吸孔里的空气会被来回推动，加上震颤的盖口与共鸣的腔室的帮助，制造出极高频率的声音。

小动物的大智慧

有趣的海豚

海豚的大脑分成左右两个部分，左右脑互相交替休息，所以它们睡觉的时候一半是醒着的，不必担心被偷袭。海豚身体所需的水分完全仰赖所吃的鱼体内的水分。它们只要超过3天不吃鱼，便会失水而死。海豚靠肺来呼吸，要到水面透气，不过海豚身体内的肌肉和血液经过体内生物化学反应，能释放出氧气，所以海豚能长时间潜水。海豚特别珍重死去的同伴，经常有几十上百的海豚簇拥着为同伴"守灵"，时间长达10多天，直到尸体开始腐烂而不会被其他海兽啃啮为止。海豚是一种有灵性的动物，当生命变得不可承受时，它们就不再呼吸从而结束自己的生命。

更奇妙的是，有些研究员认为，海豚能使用高强度的声波来射击猎物。科学家曾观察海豚追逐鱼群，被追的鱼群会变得失去方向感。科学家认为，海豚是用声音"喷射"鱼群，以声波将它们击昏甚至弄死，然后海豚就可以很轻易地吃掉它们。

海豚的"听"也别具特色。海豚制造出的窄声波能射中前方的物体，声波反弹回来之后，不是由海豚的耳部接收，而是由它的下腭接收，返回的信号沿着下腭肥厚的组织传至耳部，转变为神经脉冲，然后到头脑加以分析。它能告诉海豚，何处有障碍该回避，或何处有食物。

如果周围人很吵我们就听不清远处的声音了，但海豚却完全没有这种担忧。科学家发现，集群行动的海豚相互间的声呐信号互不相扰，尽管同伴间的超声波会交汇碰撞，但这并不影响海豚对回波信号的解读。这说明，海豚声呐信号在同类之间存在一种"避让机制"。

海豚的声呐处于前额正中处，它的超声波发射主要集中在正前方，同时，有一部分向上身和两侧发散，这种安排使海豚能及时发现前方有没有鱼、乌贼、虾等饵料及凶猛的鲨鱼，同时知道自己离海面有多远。海豚声呐的另一个奇妙之处是：可以像照相机一样聚焦。当海豚对前方某一区域特别关注时，它可以将超声波束聚拢后针对这一区域，这样，可以使传波信号清晰地反映这一区域的"隐秘"，从而使海豚及时做好捕猎或逃离的准备。

▲ 海豚有时会跃出水面，做一些类似于杂耍的动作，并且喜欢在大浪里跳跃翻滚。

量身定制的节能妙法

小动物的大智慧

蛇：长睡一冬

别看我们平时雄赳赳的，叫你们害怕，一到了冬天，我们就进入了冬眠，跟死了没什么两样。这时，外界气温再冷，都不能将我们激醒，所以，常会有单身独眠的家伙在睡梦中被活活地冻死了。痛定思痛之后，我们觉得还是互相搂抱着睡会更安全，也更暖和些。没想到，密集群居的另一个好处是，来年开春，我们竟然从这些共患难的同胞中找到了理想的伴侣。

■ 群聚一起好过冬

每当冬季到来，气温降到7℃~8℃时，蛇就开始选择干燥地带的洞穴、树洞和岩石缝隙作为蔽身之地进入冬眠。冬眠时，往往有几十条或成百条同种或不同种的蛇群集在一起。蛇为什么要集体冬眠呢？因为蛇属于冷血动物，体内的温度随环境温度的变化而变化。冬天外界温度下降后，蛇的体温也下降。因此蛇类就采取冬眠的方式来适应低温环境。这期间，蛇不吃不动，仅依靠消耗体内越冬前储备的脂肪来维持生命活动的最低需要。变温动物到冬季虽呈麻痹状态，但它们的体温是随环境温度被动地变化的，在温度降低到可耐受温度以下时，不会被激醒，而是被冻死。这种行为与恒温动物的冬眠完全不同，称为蛰眠。在冬季这样恶劣的自然环境下，散居冬眠的蛇类死亡率高达1/3到1/2。如果群聚

▲ 蛇

· 50 ·

独门杀手锏

▼蛇吐信子是为了感知外面环境的情况。

冬眠就可使周围温度增高1℃～2℃，还可减少水分的散失。这就大大地降低了体内能量消耗的水平，减少死亡率，还有利于来年春天出蛰后增加雌雄蛇交配的机会。

■ 冷血动物耗能少

蛇除了冬眠，它的耐饥饿本领也很惊人。据说，有一条蟒蛇饿了2年零9个月才死去。为什么蛇有这种耐饿本领呢？因为它们有一套节约能量的技术。当我们摸猫、狗和鸡的身体时，总是感到热乎乎的，可是一摸蛇的身体，却是冷冰冰的。这是因为前者是恒温动物，后者是变温动物。恒温动物的身体，好像是只具有恒定温度的炉子。为了保持恒定的体温，就要消耗体内的能源物质。可是，作为变温动物的蛇就省去了这笔能量开支。它们一年四季的体温都会不同，就是同一天中的体温也随外界温度变化而有较大的变动。所以，它们体内动用的能源物质，远比恒温动物要少。拿重量相等的猪和大蟒蛇相比较，如果猪每天消耗150单位重量的能源物质的话，那么蛇只要1单位的就够了。在冬眠时，蛇所消耗的能量更是微乎其微，经过长达5个多月的冬眠后，它的体重只不过减轻2%了左右，而土拨鼠和蝙蝠等哺乳动物经过冬眠后体重则要减轻1/3左右。

与此同时，蛇类吸收营养成分的效率特别高。一口气连吞四五只小白鼠，对蛇来说是并不稀奇的。有时，它们还能吞食比自己大而且长的食物。一般而言，只要5天左右的时间，蛇就能把吞进肚里的食物完全消化了，连小骨头也消化掉，只剩下一些兽毛和鸟羽从粪便中排出来。消化以后，这些营养成分便在体内贮存起来。正因为在能量的积聚和消耗上能"开源节流"，所以蛇的耐饿本领特别高强。

小动物的大智慧

四爪陆龟：爱打瞌睡

别的乌龟四肢上长五只爪子，我们偏跟它们不一样，只愿长四只。这就是我们名字的由来。由于我们生活的地区是丘陵和荒漠地带，环境恶劣，气候又干燥，导致我们一年里头，有7个月的时间是在休眠中度过。而且，我们不止冬天休眠，夏天，要是缺吃少喝的话，也会有夏眠。我们这样爱瞌睡，也是为了保存体力，更好地生活下去，不是真的懒，千万别误会我们。

■ 喜晒太阳又怕烈日

四爪陆龟多分布于热带、亚热带地区，它们居住在贫瘠的土地上，诸如岩石嶙峋的沙漠和山坡，以及沙质或是壤土质的大草原，通常海拔在1500米以上的地方。

▲ 四爪陆龟每肢都有四爪，爪尖而锐利，四爪陆龟由此得名。四爪间无膜，遇到危险时或休息时，头和四肢能藏入背壳内。

四爪陆龟的生活习性与气候条件的变化密切相关，晴天在山坡取食，阴天和夜晚躲在洞中。一天中，早晨8~9点开始活动，离洞后选择向阳处背对阳光，伸出头颈及四肢进行日光浴以提高体温。当体温达到活动温度（28±2.1℃）后，开始游荡、觅食。中午1点后由于气温升高，它的体温也随之升高，当体温升高到35.1±0.8℃时，就常躲在草丛中或临时洞穴中休息，下午5点以后又开始活动，太阳落山前后（一般为晚上9~10点）掘临时洞穴藏身休息。

四爪陆龟主要是穴居的。为了减少能量的消耗，它们常常将洞穴挖在沙质或壤土质的土地中。洞穴通常有80~200厘米长，末端膨大，在那儿可以掉转它的身子。

在四爪陆龟生活的初夏，天气比较热。所以在上午温和的阳光下，一只只四爪陆龟慢悠悠地，趁着正午高温来临之前的时光，尽情享受在荒漠丘陵中、草丛隐蔽下自由呼吸的快乐。在正午的热浪下，以及活动期的夜晚，它们都会退入洞穴。在条件较好的地方，会有许多洞穴彼此相邻。有时，它们会造访邻近的洞穴，而且有时候几只龟会在同一个洞穴中过夜。

■ 夏天和冬天都休眠

四爪陆龟生活的地区，夏季气候炎热干燥，为了减少能量损耗，在6~7月份它们就开始减少活动。所以这些龟一般要在气温稍低的拂晓或黄昏时分才出洞觅食。在暴风雨来临时，它们会在水坑中饮水。而在旱季，在分布区的干旱地带，缺少雨水，它们用做食饵的植物也逐渐枯死，食源逐渐减少，这些龟会依靠代谢水和自身贮存的能量来满足自己的

▲四爪陆龟生长发育缓慢，需要十三到十四年才长至性成熟，而且每年产卵量少，加上孵化成活率低，因此种群自然增殖率极低。

需要。所以，许多龟就在休眠中度过缺吃少喝的夏季，直到夏末才短暂地爬出洞穴，吃一些干草和嫩枝，随即进入冬眠。

在四爪陆龟所栖息的贫瘠高地上，冬季非常的寒冷。它们分布范围内的很多地方，常年气温都在冰点以下。深邃的洞穴（2米以上）有助于使四爪龟躲避严酷的寒冬。所以它们冬眠时挖掘的休眠洞较深，并且常在阳坡栖居。

当四爪陆龟夏眠或冬眠时，会完全停止活动，仅靠消耗脂肪来满足已大幅降低的生理活动，当外界温度达到它们苏醒时所需的温度，它们就会苏醒，出蛰后随即进入繁殖期。一年中，四爪陆龟始苏醒于3月末、4月初，入眠时间为8月末，休眠期达7个月。

小动物的大智慧

帝企鹅：摇摇摆摆为节能

一只大肚子，两条小短腿，想要走路不摇摆，都困难。但这才是我们独一无二的标志啊。你们曾认为，我们这样一摇一摆地走路会浪费掉很多热能，其实，外表最会骗人了。经过科学家们的研究，发现这种走路反而能更好地节能。平常我们都生活在海里，到了冬季就好像约定好了似的，集体步履蹒跚地上路。我们这是要到哪儿去？去我们的繁殖地生养小宝贝去。关于这段艰辛的经历，你们可以去看专门给我们拍的电影《帝企鹅日记》。

■ 摇晃行走大巧若拙

企鹅是鸟类动物，但它不仅不会飞翔，连走路都十分困难。它那肥胖的身躯、短短的双腿与两只大脚使它行走时既缓慢又笨拙。曾有人认为，企鹅一摇一摆、蹒跚而行的走路方式会使它消耗比同样体重的其他动物多一倍的热能，但新的研究结果表明，正是这一摇一摆的走相为企鹅节约了大量的能量，将能量消耗降到最低。

有科学家对帝企鹅的步态进行了细致的研究。帝企鹅是企鹅中体形最大的一种，行走速度为每秒钟0.46米。研究人员通过装在帝企鹅身上和它们必经之路上的仪器，对它们每一步动作的能量消耗进行了测定。记录显示，帝企鹅在向前行进时，采用了左右前后摇摆的步

▶ 成年帝企鹅高达120厘米，体重可达46千克，其颈部为淡黄色，耳朵的羽毛为鲜黄橘色，腹部为乳白色，背部及鳍状肢则是黑色，喙的下方是鲜橘色。

帝企鹅爸爸孵蛋

孵蛋时，雄帝企鹅双足紧并，还以尾部作为支柱分担身体重量，先用嘴将蛋小心翼翼地拨弄到双足背上，然后从腹部的下端耷拉下一块皱长的肚皮，像育儿袋一样把蛋盖住，使它始终能保持温暖。在长达9个星期的孵化期里，雄性帝企鹅顶风雪冒严寒，不吃不喝，仅靠消耗自身贮存的脂肪来提供能量和热量。小企鹅出生后的两周里，虽然每只雄企鹅都饥肠辘辘，却还以嗉囊内的油脂分泌物来喂食小帝企鹅。

法，其摆动方式极似钟摆。它在向一边摆动到极限而停顿时，其部分动能会被储存起来成为潜能，这部分潜能在其向另一方摆动时再度释放出来。这种每走一步都能为下一步储存一些能量的情况在人类和其他动物身上普遍存在，被储存的能量占前进一步所耗能量的比例被称为"恢复率"。各种动物的恢复率是不同的，帝企鹅步行时的恢复率比地球上任何动物都要高很多，可达80%，而人类走路时的恢复率最高仅为65%。由此可见，帝企鹅像钟摆那样一摇一摆地向前走路是一种节省能量的方式。

帝企鹅采用这种能耗极小的走路方式，并非因为它们特别聪明，而是它们在南极长期生活进化的结果。生活在南极圈的帝企鹅在冬季休眠了4个月后，往往要行走160多千米去海边觅食，这对于腿短体胖的帝企鹅来说绝非易事，这就要求它们消耗能量越少越好。科学家认为，对帝企鹅步态的研究结果向我们提供了重要信息，即在评估行走困难者时，不能只关注他们的肌肉是怎样活动的，而要研究他们整个身体的动作。对帝企鹅的研究

▲企鹅的栖息地极为偏远蛮荒，这令它们中的许多种类得以避开人类的侵扰和威胁。

小动物的大智慧

▲ 四只身上被冰覆盖的帝企鹅聚集在一起取暖。

可以帮助医生们为病人设计适合于他们的走步器,以及指导他们掌握恰当的行走方式。这对于怀孕的妇女或大胖子也会有一定的借鉴意义。

■ 聚在一起抵抗风雪

在短暂的夏季,帝企鹅会在栖息地捕食,等到夏季结束时,帝企鹅的身体里就会形成厚厚的脂肪,然后行进90千米到达繁殖地。每年3~4月,帝企鹅开始求爱,此时的气温一般都已降至-40℃。在5~6月,雌帝企鹅会产下一枚重4.5千克的蛋,但此时它们身体储存的能量就会消耗殆尽,必须立即返回大海进行捕食。而孵蛋的工作就由雄帝企鹅来承担。在孵蛋和护理小企鹅期间,雄性帝企鹅就靠消耗自身脂肪维持体能,它的体重要减少10~20千克,将近体重的一半。

孵蛋是一段艰辛的过程,暴风雪经常来袭,虽然有厚重的皮下组织保暖,却也抵挡不了寒冷的侵袭。雄性企鹅们为了对抗寒冷,它们会聚在一起并将身体紧紧贴近,每平方米的密度最高可达8~10只。它们让背部暴露在寒风里,每隔一段时间,队列中间的企鹅会自觉替换外围的同伴,一方面是避免睡着,另一方面是轮流抵挡风雪,好让同伴也能享受到在内圈的温暖。

骆驼：吃苦耐劳有法宝

干燥炙热的大沙漠里，马不能驮，牛不能走，唯一的大型运输动物就是我们骆驼。我们为什么会如此耐干旱呢？这与我们的身体构造密不可分。我们的皮毛、鼻子、肝脏肾脏、驼峰等等都是我们能在大沙漠里生存的法宝。

■ 保水耐渴能力强悍

毫无疑问，水是沙漠里最重要的生命保障。骆驼即使17天不喝水也能存活，它们为什么拥有这么强悍的耐渴能力呢？很早以前人们以为这是因为骆驼身体内拥有"水囊"，事实真是这样吗？最早从事这方面研究的是意大利的自然科学家蒲林尼。他提出，骆驼是反刍动物，它的真胃前面有三个室，其中最大的一个是瘤胃。骆驼的瘤胃被肌肉块分割成若干个盲囊，即所谓的"水囊"。可随着研究的深入，科学家发现，实际上那些水囊只能保存5~6升水，而且其中混杂着发酵饲料，成为一种黏稠的绿色汁液。这些绿汁中的含盐浓度和血液的大致相同，骆驼很难利用其胃里的水，而且"水囊"并不能有效地与瘤胃的其他部分分开，也因为太小不能构成确有实效的贮水器。

其实，骆驼耐渴的原因之一在于它强大的保水能力。

骆驼有两层皮毛：一层是温暖

▲ 骆驼的嘴

的内层绒毛,还有一层粗糙的长毛外皮,可以有效地反射阳光。这样的双层结构皮毛在帮助骆驼隔热的同时,也能使骆驼少流50%的汗。

此外,由于骆驼的鼻内有很多极细而曲折的管道,平时管道被液体湿润着,当体内缺水时,管道立即停止分泌液体,并在管道表面结出一层硬皮,用它回收因呼吸呼出的水分而不致散失体外;在吸气时,硬皮内的水分又可被送回体内。水分如此在体内反复循环被利用。

骆驼可以忍受其他动物无法忍受的体温变化。骆驼的体温晚间为34℃,白天高达41℃,只有在高于这个体温时,骆驼才开始出汗。就这样骆驼可以每天节省约5升水。

骆驼的肝脏和肾脏非常强大。它的排尿量少得可怜,尿液是以浓汁状排出的,而粪便干燥到可以作为引火之物。绝大部分动物如果小便不多,不能有效排出尿素等废物,就会发生中毒。而骆驼的肝脏能把大部分尿素再循环。

■ 耐脱水能力更惊人

骆驼的耐脱水能力更是惊人。一头骆驼在暑热的沙漠中走8天,体重会减少100千克,这大约相当于它们体重的22%。但是一旦遇到水源,处在脱水状态的骆驼就能马上恢复。骆驼20分钟能喝约100升水,并在数分钟内恢复丢失的体重。失水达其体重25%的骆驼依然能够生存,而人类如果失水达10%时就会引起精神错乱,耳朵失听,痛觉消失,特别是在沙漠那样炎热的地方,失水在12%时,人会因严重中暑而死亡。

▼骆驼虽不善于奔跑,但其腿长,步幅大而轻快,持久力强,加之其蹄部的特殊结构,因此,适合作为沙漠中重要的交通工具。在短距离骑乘时,双峰驼的速度可达10~15千米/小时,长距离骑乘时,每天的行程可达到30~35千米。

▲ 来自蒙古高原被驯化的双峰骆驼正脱去冬天时御寒的外装。在一些国家，骆驼至今仍是重要的运输工具。

骆驼的血液也非常稀薄，而且它们的血红细胞呈椭圆形，与其他动物的圆形细胞不同，这是为了让血红细胞在脱水状态下仍可以流动。这些细胞还更加稳定，在饮用大量水时，不至于因渗透性的改变而撕裂。

当骆驼流汗超过体重的四分之一时，血液里的水分只蒸发掉十分之一。因为骆驼的血浆中有一种特殊的蛋白质，可以保持血液中的水分。每当体内的水分明显损耗时，这种蛋白质仍能维持血液中的水分，保证血液循环的正常进行。科学家把骆驼血浆内的这种蛋白质注射到兔子体内，结果这些兔子在沙漠中断水7天，体内水分丧失30%之后，仍未死去；而没有注射过这种蛋白质的兔子，失水10%就夭折了。

■ 储能和节能都擅长

骆驼不光耐渴，其他方面的耐力也很惊人。一头成年的骆驼，在长途跋涉时可以比马走得更快更远，或驮运连牛也吃不消的重物。在20世纪初，澳大利亚曾举行过一次骆驼与马的180千米赛跑。结果，马以微弱的优势赢了这场比赛，可是随即便倒毙了。而骆驼经过一夜的休息后，第二天仍以同样速度跑了180千米。

骆驼以驼峰著名，它背上的驼峰常常重达45千克。它能一次性饮食很多水草，并把它们转化为脂肪储存在驼峰中。骆驼的驼峰就像一个巨大的能量贮存库，其中的脂肪在代谢过程中能够产生足够的能量和水，即使骆驼长期不吃不喝也不会死，为骆驼在

▲ 在北非、中东和中亚地区，骆驼被用来提供奶、肉和肉粉的历史已经至少有4000年了。

沙漠中长途跋涉提供了能量消耗的物质保障。

　　沙地软软的，人踩上去很容易陷入，这样会令长途跋涉的行走消耗更多的能量。而骆驼的脚掌扁平，就像盘子一样，脚下有又厚又软的肉垫子。当它踩上沙地的时候，厚厚的肉垫不仅能隔开发烫的沙粒，还能起到缓冲的作用，再加上扁平的脚掌减小了压强，使骆驼能在沙地上或者松散的雪地里行走自如，不会陷入其中，也不用担心脚板被烫伤。

　　骆驼的嘴也很强壮，它们能啃食沙漠里那些稀少的植被中最粗糙的部分，能吃其他动物所不吃的多刺植物、灌木枝叶和干草。同时骆驼还是反刍动物，可以把难以消化的食物暂时存放在瘤胃中，闲暇时再慢慢咀嚼磨碎，尽可能消化吸收每一份难得的营养。

令人震撼的特大迁徙

小动物的大智慧

红蟹：返"乡"之路多艰辛

> 为了回"乡"养育小宝贝们，我们国度的英雄儿女们视"艰难困苦若等闲"，这一惨烈的归乡迁徙历程，都值得你们人类给我们拍部纪录片了。到底有多惨烈呢？说到底，好多还与你们人类的活动有关。比如，我们要过马路，而你们要开车。好多我们的同胞们就惨死在你们的车轮下，成为"蟹肉酱"；我们回乡要通过铁路，而有时铁轨的温度高达80℃，我们的同胞们就直接给活生生地烤熟了。这两道坎过了，也没有万事大吉。我们还得尽可能地避开会使用"化学武器"的黄蚂蚁……

■ **为后代勇往直前**

圣诞岛红蟹在旱季里都躲在洞穴中。随着雨季的到来，红蟹开始大迁徙。它们从岛上的森林深处一齐拥向海岸，只为了每年一度的繁殖后代，繁殖后它们又再次返回。尽管迁徙的途中可能会由于种种原因死于非命，但是每年都有大约5000万只红蟹义无反顾地拥向海岸，那里是它们进行交配产卵的场所。

旱季过后，第一场雨水降临，红蟹不约而同地从洞中走出，呼吸着新鲜潮湿的空气。这时，圣诞岛上植被茂盛的地方，会听见"沙沙"的声音，那就是红蟹的动静。每年的11月过后，岛上正式进入雨季，在这以后的3个多月里，成千上万的红蟹会浩浩

▲ 圣诞岛红蟹

荡荡地从森林、草地奔向海边,去完成它们生命中的头等大事。

红蟹各自走出洞穴后,会自动形成庞大的队伍,较强壮的雄蟹走在前面,所经过的地方一片通红。行进的方向没有路标,它们全靠对大海温度的感觉辨别方向。由于它们躲避障碍物的能力较差,所以不管是住宅,还是停放的汽车,一律跨越。从巢穴到海岸,距离是不一样的。最短的一个星期左右可以到达,最长的需要20天左右。

红蟹会在阴凉的午后开始移动,以每小时600～800米的速度前进。炎热的天气会使得许多红蟹累死在途中,因为体内的水分会被蒸发得干干净净。在迁徙过程中,红蟹的食量很小,基本上是饿着肚子走。

通过对迁徙红蟹的体液进行取样,科学家发现红蟹体内的甲壳动物高血糖激素激增,在这种激素的作用下,葡萄糖开始发挥作用,为长途跋涉提供能量支持。同时,红蟹的内分泌系统也储存了足够多的糖分,足以支撑它们返回位于雨林的老家。

历经千辛万苦,红蟹终于到达海边的交配地点。雄蟹会挖洞以抵御掠食者,并等待迎接雌蟹的到来。雌蟹会晚到一两天,然后在洞里和雄蟹交配,交配完成后爬向大海产卵,卵会在接触海水的瞬间孵化。幼蟹会在沿

▲ 迁徙的红蟹

海的海草中慢慢长大,最后爬回岛上重复这种生命循环。

■ **千辛万苦只等闲**

人造基础设施对迁徙的红蟹构成了巨大的威胁。圣诞岛上的公路和运矿石的钢轨成了红蟹的屠场。澳大利亚政府为了保护红蟹,劝诫当地居民不要在这个时候使用公路,但仍有大量的汽车违规通过,每年被轧死的红蟹都有1万多只。还有许多红蟹群会走错了方向,经过铁路,经过暴晒的钢轨温度高达80℃,形成了一道红蟹难以逾越的障碍。那些速度快的红蟹可

▲ 一群圣诞岛红蟹正冲向水里。

以逃过一劫；速度慢的就会被烤死。每当红蟹群通过后，不计其数的红蟹尸体铺满了钢轨。

很多人认为，公路上飞驰的汽车和炎热的天气对迁徙中的红蟹威胁最大。实际上，岛上有一种黄蚂蚁才是红蟹的主要杀手。虽然这种黄蚂蚁并没有刺或是很坚硬的钳子，但是体内储藏着一种毒性和腐蚀性很强的蚁酸，它们通过腹部一个可以调整方向的喷管向外喷射酸液，而且还是集体喷射，令对方防不胜防。红蟹的背壳虽然很坚硬，但对如潮水般的蚂蚁却毫无防守能力，尤其是当它们在迁移途中经过黄蚂蚁巢穴时更是岌岌可危。不少红蟹因为眼睛被黄蚂蚁的蚁酸弄瞎了，所以行动立即迟缓下来，最终成为黄蚂蚁的食物。

尽管在迁徙过程中不少红蟹会死于非命，在海边产卵会被鸟类捕食，在水中部分小蟹也会被鱼类吃掉，但它们仍不会灭绝。这是因为，每只成年母螃蟹一次大约产12万个受精卵。如果照此计算，总数会大得令人难以置信。当度过幼虫期的小螃蟹往圣诞岛中部的雨林迁徙时，整个海滩形成了新的"红潮"，在整个岛上都能看到它们的身影。

红蟹带来的喜忧

不管是从岛上爬向海滩的红蟹，还是从海滩爬向岛上森林的红蟹，其大军遍布公路、铁路，每年都有大量不幸的红蟹被车轮轧死，但是这股红蟹洪流仍然勇往直前，势不可当。红蟹的大行军扰乱了当地人的日常生活，甚至连主要公路也不得不关闭。可是红蟹带来的也不只是麻烦。它们的排泄物是重要的雨林肥料，而且红蟹会在各式各样的栖息地中挖洞，甚至家庭花园中都能发现它们的踪迹，它们的挖洞行为能起到翻土和帮助土壤通气的作用。

帝王蝶：四代完成同一个梦想

我们在蝴蝶界算是个大明星了，因为，我们创造了其他种类的蝴蝶根本不可能创造出来的奇迹——长途迁徙。为什么要千里迢迢地迁徙呢？跟鸟儿一样，为了寻找另一个更适宜的家园。春天终于来临了，我们开始"返乡"，但只走了一小段路，我们的生命就到了尽头。不过，我们的儿女们，会沿着我们来时的路继续往"家"赶。可惜，它们的寿命短，也飞不回家园。就这样父传子，子传孙，孙传曾孙，到第四代才又回到了"老家"。

■ 四代共飞六万千米

这是一种双翅黑色与金黄色相间、沿翅边嵌着白点的漂亮蝴蝶，由于它的翅膀颜色以金色为主，呈帝王王冠状，因此被人们叫做帝王蝶。帝王蝶是北美洲最常见的蝴蝶之一，也是地球上唯一的迁徙性蝴蝶。

每年冬季，墨西哥的几处山谷里聚集着数以亿计的帝王金斑蝶，这些橙红色的蝴蝶层层叠叠地栖息在山谷中的树上，有时一株树上竟停憩着50万只蝴蝶，压弯了树枝。整个山林被染成一片橙褐色，好像一张硕大而美丽的巨毯。天气晴好时，山谷里漫天飞舞的蝶群就像一片橙色的云霞。

这些蝴蝶的老家，竟在数千千

▲ 帝王蝶

小动物的大智慧

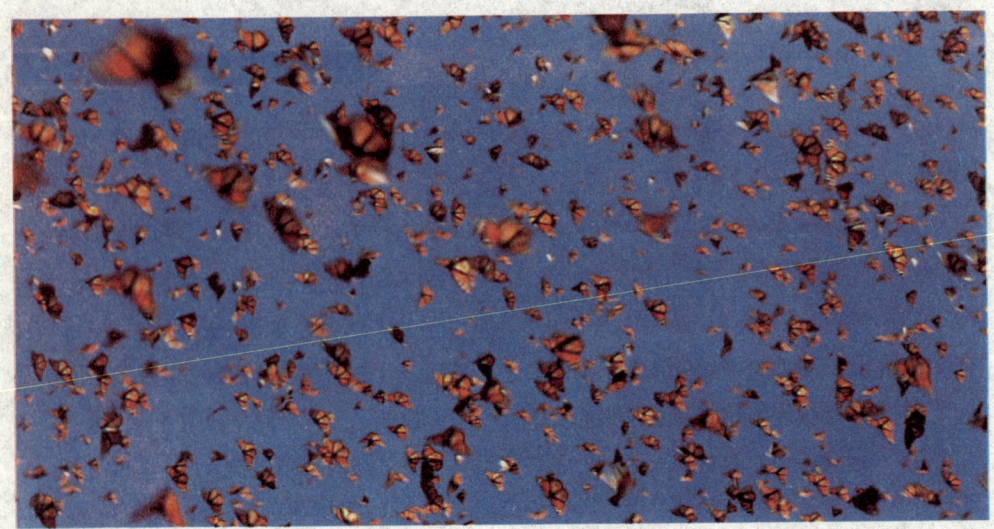
▲ 帝王蝶的迁徙

米以外的美国和加拿大，它们经过两三个月的长途跋涉来到这里越冬。但是，一只帝王蝶根本无法独立完成从遥远的北方飞到墨西哥然后再返回的整个迁徙过程。通常是数代帝王蝶在接力完成。

帝王蝶的耐寒能力特别差，需要阴凉潮湿的栖息环境，以恢复长途跋涉所消耗的体力。因此，它们成千上万地聚集在欧亚梅尔杉树上。这些杉树生长在高海拔的寒带山区。树林的寒冷环境可以降低帝王蝶的新陈代谢速度，将储存的脂肪转换为能量。越冬的帝王蝶只有在这里才能够不吃不喝，安然度过整个冬天，使自己的生命周期长达8个多月。

春天来临的时候，北美的乳汁草逐渐复苏茂盛。帝王蝶开始飞离墨西哥，向北进发。它们每天飞行130千米，去寻找乳汁草。它们要在这种植物幼嫩的植株上产卵。虽然这种植物有毒，却不会伤害到帝王蝶，而且，它的怪味道还能阻止其他动物捕食帝王蝶的幼虫。用不了多久新的帝王蝶诞生，但与越冬的父辈们不同，这些帝王蝶的寿命仅有6个星期。

5月初，新一代的帝王蝶迁徙至加拿大。它们在整个夏季要繁衍两代生命。这些蝴蝶刚一羽化，就急忙踏上了漫长的征途，以每小时30～40千米的速度向南飞行，在这个过程中，它们主要靠自身贮藏的脂肪来维持消耗，其中不少因恶劣的天气等原因死在了旅途中。但剩下的仍顽强地向目的地前进，准确地到达了它们的先辈曾经到过的那几处山谷。弱小的生命就这样创造出了奇迹。那些在8月中旬到9月间出生的帝王蝶将追随父辈南下墨西哥的旅途。

在经历了先后四代、长达六万多千米的长途跋涉之后，秋天来临了。新一代的帝王蝶又成群结队地飞回墨西哥，回到它们的祖先栖息过的森林过冬。让人惊讶的是，它们居然能够奇迹般地找到自己的曾祖原先居住的那棵树。

■ 指南针在触须上

每年秋季，帝王蝶都会在远程跋涉过程中利用太阳来指引它们飞到墨西哥中部的越冬地点。但由于太阳是一个移动的目标，白天在不断变化位置，生物学家推测帝王蝶除了利用太阳之外，一定还利用某种生物钟来导向。现在，研究者找到了这种特殊的定位系统。

当科学家剪下蝴蝶的触须，将蝴蝶放进飞行模拟器时，蝴蝶的飞行就变得紊乱了。失去触须的蝴蝶仍然按直线飞行，但在一起时它们却飞向不同的方向。相反，有触须的蝴蝶则全部飞向西南方。没有了触须，蝴蝶就失去了利用太阳导航的能力，无法根据白天不同的时间调整方向。这就证明了蝴蝶的定时机制存在于它们的触须上。

研究者为了验证自己的假说，将一半蝴蝶的触须漆成黑色阻挡阳光的吸收，另一半则涂上明亮的颜色帮助吸收阳光射线。涂有明亮颜色的帝王蝶继续向南飞，同时涂上黑色的蝴蝶则开始不断地向北飞，这表明它们的生物钟被打乱了。

科学家经过不懈努力，终于弄清楚了帝王蝶是通过什么机制指引如此大规模、远距离迁徙的。原来，指引它们迁徙的"指南针"竟然存在于触须上。

> **羽化**
>
> 羽化是指完全变态的昆虫脱去蛹壳或者不完全变态的幼虫最后一次蜕皮而变为成虫的过程。完全变态的昆虫经过羽化后，幼虫和成虫在外观上有较大的差别，比如毛虫和蝴蝶。不完全变态昆虫羽化后，幼虫在外观上与成虫差别一般不大，通常只是体形稍小，没有翅。

▲ 帝王蝶

驯鹿：胜利大逃亡

我们有个很通俗的别名"四不像"，是说我们角似鹿而非鹿，头似马而非马，蹄似牛而非牛，身似驴而非驴。我们就是这样一种懂得博采众家之长的动物。在中国的大兴安岭，我们与鄂温克人友好相处，成为他们日常生活中不可或缺的经济动物。在西方文化中，给圣诞老人拉车的就是我们驯鹿。

■ 九死一生的大逃亡

驯鹿主要分布于北半球的环北极地区，包括在欧亚大陆和北美洲北部及一些大型岛屿。人们最早了解的大规模迁徙动物是驯鹿。

驯鹿最惊人的举动是每年一次长达数百千米的大迁移。春天一到，它们便离开赖以越冬的亚北极森林和草原，沿着几百年不变的既定路线往北进发。总是由雌鹿打头，雄鹿紧随其后，浩浩荡荡，长驱直入，日夜兼程。沿途脱掉厚厚的冬装，生长出新的薄薄的长毛。脱掉的绒毛掉在地上，正好成了天然的路标。就这样年复一年，不知经过了多少个世纪。

数以万计的驯鹿行进在北极荒凉的旷野上，铺天盖地，蔚为壮观。路途中既有激流险滩这些自然障碍，也有棕熊狼群这些凶猛天敌，对于每一只驯鹿而言，都可以说是九死一生。它们当中有的在蹚过河流时受伤，最后被棕熊或北极狼吃掉；有的是把脚卡在了石头里，最后被冰冷的河水冻死。但是，由于驯鹿群体数量相当庞大，因此个别个体的这些悲剧对整体并没有太大影响。

平时它们总是匀速前进，秩序井然，只有当狼群或猎人追来的时候，才会来一阵猛跑，展开一场生命的角逐。因此，有人把驯鹿的迁移叫做"胜利大逃亡"。夏季结束的时候，鹿群穿越近千千米的路途，最终回到它们出发的地方。等到下一个春天到来，又会有新生命降生，开始新的一次"大逃亡"。

■ 迁徙途中母子情深

驯鹿在迁徙的艰辛路途中，基本上没有时间觅食，没过多久，有些驯鹿就筋疲力尽，无力向前，落在队伍后面。怀孕的雌驯鹿走在队伍前面，它们急不可耐，必须按时赶到目的地生产。长角的健壮雄驯鹿有时陪伴着它们，但大部分雄驯鹿则远远落在后面。

路途中时会有幼鹿出生。幼鹿生长速度之快是很多动物无法比拟的。幼鹿出生后几小时内，都得学会加快步伐跟着妈妈追赶前进的大军；出世后两三天即可跟随母鹿赶路，一星期后就能和父母一样跑得飞快，时速可达48千米。这也是生存需要，或者说是逼出来的，因为驯鹿无论走到哪里，都摆脱不了饥饿的狼群和贪婪的猎人的追赶捕杀。即便这样，幼鹿也常遭到棕熊和饿狼的袭击而丢失性命。

在迁徙途中，有些母驯鹿会因为各种原因受到伤害，最后的命运往往是被棕熊吃得只剩下一点支离破碎的骨架，由于驯鹿彼此是靠气味识别，幼鹿依然知道那面目全非的骨架就是自己的母亲。于是，幼鹿常常守着妈妈的骨架转圈哀鸣，累了就卧在尸骨旁边。此时鹿群早已远去，于是这只幼鹿最后的命运只能和它母亲一样，成为棕熊或者狼群的美餐。

▲迁徙中的驯鹿

角马：惊险渡河

> 我们只生活在非洲草原上，别的地方你连我们的影子都找不到。我们长相怪异，总体来说就是牛头马面羊胡须。我敢打赌，你们肯定为我该起个啥样的名字费了很大周折，最后很聪明地想到了"角马"这个美好却是错误的名字。

■ 追逐乌云嫩草奔跑

角马的体形看上去很像马，可头上又长着水牛那样的弯犄角。人们根据古怪的长相叫它角马。事实上，角马既不是马不又不是牛，而是一种大型羚羊。它们很喜欢集群生活，甚至上百万头会聚在一起。为了能吃到鲜美的嫩草，它们必须随天气追逐着水草而奔波，它们在大草原上不断迁徙。

在东非大草原上每年都可以看到成群迁徙的角马。一群角马大约有25万只。为了寻找食物，角马每天要跑很远的路。大群的角马总是跟着雷雨云浮动的方向，追着乌云跑。它们所追寻的，不仅仅是水，更重要的是嫩草。大雨过后，一层新鲜的嫩草，就会拔地而出。

百万角马的大迁徙，每年6月起源于坦桑尼亚南部，随着旱季由南至

▲ 过河的角马

▲ 角马

北地推进，一股股角马滚雪球般地加入北上的大军。它们胃口极好，就像巨型剪草机，一路荡平沿途的草场，7月中在塞伦盖蒂草原会聚成150～200万之众的"超级兵团"，在8月初分批越过马拉河进入肯尼亚的马赛马拉草原，然后化整为零。到了10月底，角马再次聚群南下返回雨季中葱绿的家园。

■ 生死攸关的马拉河

在大草原上经历长达数周的迁徙，在此期间角马得到的食物和水很少，这大大削弱了它们的体力。在长达3000千米的迁徙过程中，大约会有25万只角马死去。马拉河是角马们要渡过的最后一条河，渡过去，就进入了水草丰美的"伊甸园"；渡不过去，它们中的绝大部分将会因缺草缺水而死。

马拉河中有两种动物是角马们在渡河时必然要遇到的杀手：一种是世上最大、最为凶残的尼罗鳄，一种是被称为"非洲河王"的河马。每年的10月份到次年的3月份，马拉河都会上演一幕幕惊心动魄的场景。在庞大的角马队伍中，后面的在催逼，前面的在召唤。每只角马都不可以单独行动，否则就会打乱集体行动的阵脚。

集体行动的一个明显优势就是，能给每只角马以特殊的鼓励。数量多就意味着安全，势不可当。要想吃上河对面那片青翠的矮甜草，就得涉过这条鳄鱼横行的河流。在这个目标的激励下，角马群迸发出极大的热情，大群的角马冲下河去，游向对岸。河中的鳄鱼、对岸的狮子以及暴涨的河水，随时都会吞没其中幼弱病残的角

小动物的大智慧

角马妈妈的调包计

角马最危险的敌人鬣狗通常上午躲在土洞里睡觉，于是雌角马便将分娩的时间选在上午。为了避免势单力孤被敌人伤害，怀孕的雌角马还会聚到一起行动，集体进行分娩。雌角马生产的速度十分迅速，只要十几分钟小角马便可以落地，七八分钟之后它就可以行走了。但小角马还要在三天以后才能跟随母亲快速奔跑。在这几天里角马母子如果遇到危急时刻，角马妈妈就会把产后还一直留存在体内的胎盘迅速排出。敌人争食这"美味"，一时顾不上攻击小角马，角马妈妈便带着小角马迅速逃跑了。巧妙的"调包计"终于使角马母子脱了险。

马。整体的生存是需要个体付出鲜血和生命作为代价的。然而这就是自然规律，角马选择了这样的生活方式。

■ 众志成城有序渡河

角马到达马拉河后，渐渐站满了河滩，前排不断受到推挤的角马开始骚动起来。在无法立足的窘迫之下，最前沿的一只角马忽然从一块巨石上以夸张的姿态扬起前蹄，挺身直立，再躬身弹起，四蹄前后伸展，尾巴高扬，水花四溅地落入河中。随即又从水中再度向前跃起，拉出一道纷纷扬扬的水雾。它的举动仿佛吹响了渡河的号角，角马开始一只接一只，扬鬃奋蹄跃向河水，顿时河面上水激浪涌，"哞哞"的吼声响彻河岸。

第一梯队是清一色强壮的成年角马，它们从相距十几米的地点相继下水，保持两列平行纵队，首尾相衔，一起一伏地破浪前进。由于正值旱季，近岸处河水较浅，成年角马的肩背还能露出水面。不过到水深流急的河心，就只见犄角和马头在水面起伏了。在湍急的水流冲击下，渡河的队列顺着水势弯成一道半圆形的大弧线。

大群角马纷纷各自下水，两列纵队很快演变为以各个角马家庭为单位的多路并进。排列在各支渡河队伍最外侧首当其冲抵受激流的，总是那些一对宽大的弯犄角几乎联结在前额、体形健硕的成年雄性角马。而长着长短不一的直角的未成年角马则被掩护在水流稍缓的内侧。年幼角马将尚未长角的小脑袋奋力探出水面，紧随其后推助的是爱子心切的母角马。

旅鼠："死亡之约"是个意外事件

迪士尼早期拍摄的关于我们的那个纪录片，真是害惨我们了。里面人为制造的关于我们跳海自杀的谣言，就此传遍了千家万户。但真正的情况是怎样的呢？我们跳海不假，但这并不能说明我们已经厌倦了这个世界。相反，这不过是我们为了更好地生存，在迁徙过程中出现的意外事件而已。

■ 看似疯狂的集体自杀

生活在高纬度针叶林中的旅鼠的繁殖能力很强。赶上食物丰富的好年头，一只母旅鼠一年可生产6~7窝，新生的小旅鼠出生后30天便可交配，最高的纪录是出生后14天便可交配，经20天的妊娠期，即可生下一窝小旅鼠，每窝可生11个，据此速度，一只母鼠一年可繁衍出成千上万只后代。

与高度繁殖力相适应，旅鼠为了补充繁殖时所消耗的能量，它的食量惊人，一顿可进食相当于自身重量两倍的食物，而且食性广，草根、草茎和苔藓之类几乎所有的北极植物均吃，它一年可吃45千克的食物，因此，人们戏称旅鼠为"肥胖忙碌的收割机"。在平常年份，旅鼠只进行少量繁殖，使其数量稍有增加，甚至保持不变。只有到了丰年，当气候适宜和食物充足时，才会齐心合力地大量繁殖。

旅鼠的数量急剧膨胀，达到一定密度的时候，例如一公顷有几百只，奇怪的现象就发生了：几乎所有的旅鼠都变得焦躁不安起来，它们东奔西窜，吵吵嚷嚷，停止进食，似乎是大难临头，世界末日就要到来。这时的旅鼠不再胆小，而是恰恰相反，在任何天敌面前它们都显得勇敢异常，具有明显的挑衅性，有时甚至会主动进攻。更加难以解释的是，这时候，连它们的肤色也会发生明显的变化，由灰黑变成鲜艳的橘红，使其变得特别突出。它们似乎故意吸引天敌快来吃掉自己，与自杀没有什么区别。

当旅鼠的数量实在太多，而天敌数量相对有限，暴露自己收效甚微时，旅鼠会显示出一种非常强烈的迁移意识，聚集在一起，渐渐形成大群，开始时似乎没有什么方向和目标，到处乱窜。后来它们就渐渐朝着同一个方向，浩浩荡荡地出发了。沿途不断有旅鼠加入，而队伍会越来越大，常常达数百万只，逢山越山，遇水涉水，勇往直前，前赴后继，丝毫不畏惧，更不停止，一直雄赳赳气昂昂地奔到大海，仍然毫无惧色，纷纷跳下去，直到被波涛吞没。

▲旅鼠

种群密度

种群密度是指一个种群在单位面积或单位体积中的个体数。不同种群的密度差别极大，如每平方米土壤中的节肢动物个体数可达数万个，田鼠则只有几只，而鹿等大型哺乳动物可能每平方千米内只有几头。

■ 关于死亡大迁移的种种猜想

旅鼠为什么会如此疯狂地集体自杀？科学家们虽然进行了大量的观察和研究，却提不出一个令人信服的解释来。有人认为，旅鼠的集体自杀，与它们的高度繁殖能力有关。当种群数量太多，种群密度过高时，旅鼠得不到充足的食物和生存空间，只好奔走他乡。可是，旅鼠的分布极广，除北欧以外，在美洲西北部、俄罗斯南部草原、一直到蒙古一带均有分布，但只有北欧挪威的旅鼠有周期性的集体跳海自杀行为。

有的生物学家进一步解释说，在数万年前，挪威海和北海比现在要窄得多，那时，旅鼠完全可以游到大海彼岸，长此以往，世代相传，形成了一种遗传本能。然而，由于地壳的运动，目前的挪威海和北海已今非昔比，比过去要宽得多，但旅鼠的遗传本能仍然在起作用，因此，旅鼠照样迁移，最后溺死海中。

但是，这种说法存在严重不足。因为旅鼠是啮齿类动物，几乎以北极所有的植物为食，即使达到每公顷250只的密度也是地广鼠稀，它们不像是因为得不到足够的食物和生存空间而迁移。更加有说服力的是，旅鼠在迁移过程中即使遇到食物丰富、地域宽广的地区也决不停留，看来食物和生存空间并非它们所追逐的。

对此，有科学家又提出了新的解释，在10000年以前，地球正处在寒冷的冰期，北冰洋的洋面上结成了厚厚的一层冰，风和飞鸟分别把大量的沙土和植物的种子带到冰面，因此，每逢夏季，这里仍是草木青青，旅鼠完全可能在此生存。只是由于后来气候变化，才导致原来冰块的消失，而如今向北跳入巴伦支海的旅鼠，正是为了寻找昔日的居住地。这一解释虽然有道理，但缺乏充足的证据，仍不尽如人意。

■ 赴死之约是美丽神话

旅鼠的数量为什么会出现周期性的变化，难道真的是因为死亡大迁移吗？这个话题至今还没有足够使人信服的定论，可能与天敌、食物、气候、季节等因素有关系。例如，一个很明显的但还未得到证实的解释是，旅鼠数量的剧增破坏了植被，出现食物匮乏，导致大批旅鼠被饿死。然后植被开始恢复，出现了新一轮的循环。实际上这并非旅鼠特有的现象，在严酷条件下生存的其他一些小动物，其种群数量也会出现类似的周期性变化。

虽然对这个问题有不同的看法，但专家们在有一点上是一致的：旅鼠不会集体自杀。在旅鼠数量剧增，当地的食物变得稀少时，旅鼠和其他动物一样，会向其他地方扩散和迁移，有些企图横渡江河湖泊和大海，尽管旅鼠善于游泳，但终因体力不支而被溺死，有些刚跑到食物稀少的边缘地区，忍饥挨饿，旺盛的性欲随之下降，于是种群数量开始大规模降低。

▲旅鼠毛上层为浅灰色或浅红褐色，（有时也会成橘红色），下层颜色更浅，有的旅鼠在冬天时毛色变为全白，有利于保护自己。

人为制造的旅鼠跳海

迪士尼在1958年拍摄的纪录片《白色荒野》中，记录了旅鼠成群结队迁徙、最终跳海自杀的场面。这部奥斯卡获奖影片使旅鼠奔赴死亡之约的动人传说在西方家喻户晓。不过这部纪录片的场面是伪造出来的。影片是在加拿大的阿尔伯达省拍摄的，那个地区并不产旅鼠。摄影组到北极地区向当地小孩买了几十只旅鼠，让它们在一个覆盖着雪的转盘上奔跑，从各个角度拍摄，剪辑后就出现了成千上万只旅鼠大迁移的情景。之后，摄影组把这些旅鼠带到悬崖上，希望拍摄它们跳到悬崖下的河中淹死的场面。不料旅鼠却不愿往下跳，在等了两天之后，不耐烦的摄影组把这些旅鼠赶下了悬崖，人为制造了跳海自杀。

它们本是为了生存而行动，但在行动时有失足的时候，如果恰好被人们看到，人们就认为这是自杀，并且不断地加以扩大夸张，这可能就形成了旅鼠集体自杀的神话。

近年来科学家试图从旅鼠自身的变化来解释其数量减少之谜。例如，随着鼠口密度的增大，旅鼠彼此之间出现了更多的社会交流和压力，导致它们体内激素水平出现变化，从而使其繁殖力下降，变得更有攻击性。在群体密度过大时，旅鼠的反应不是牺牲自己，而是更倾向于攻击其他旅鼠，乃至出现自相残杀。

▲ 迁徙途中死去的旅鼠

总之，关于旅鼠集体自杀的问题，有外部环境条件的影响，也有旅鼠自身生理上、行为上，甚至遗传上的因素。尽管如此，旅鼠奔赴死亡之约的神话不会轻易消失。

简单奇效的自我医疗

小动物的大智慧

草药：懂中草药的"专家"

草药疗伤治病可不只是中国人才会，我们动物当中也有学识渊博的"草药专家"。它们懂得安息香树叶能解热镇痛；金鸡纳霜树皮能治疗疟疾；野薄荷能杀死微生物……

■ 吃植物治病疗伤

求生是地球上一切动物的本能。许多动物生病后出于本能的需要，会巧妙地利用一些植物等的药用功能为自己治病。

春天来了，黑熊刚从冬眠中醒来的时候，身体总是不舒服，精神也不好。它就去找点儿有缓泻作用的果实吃。这样一来，便把长期堵在直肠里的硬粪块排泄出去。从此以后，黑熊的精神振奋了，体质也恢复了常态，开始了冬眠以后的新生活。

在北美洲南部，有一种野生的吐绶鸡，也叫火鸡。当大雨淋湿了小吐绶鸡的时候，父母会逼着它们吞下苦味的安息香树叶。中医告诉我们，安息香树叶是解热镇痛的，小吐绶鸡吃了它就会没事了。

生活在热带原始森林里的猴子和狮子，有时会患上疟疾，浑身发冷打战，十分难受。这时候，生病的猴子或狮子就会去啃食金鸡纳霜树的树皮，用不了多久病情就会减轻痊愈。原来金鸡纳霜树的树皮里，含有一种治疗疟疾病有特效的药物成分——金鸡纳霜素（奎宁）。

▲ 鹧鸪

▲火鸡

非洲的黑猴、人猿、巴西雨林中的猕猴，当出现嗜睡、食欲不振、大便不畅的症状时，它们就会找到一种向日葵，将它的嫩叶吞咽下肚，但它们从不将这当做正餐。研究表明，这种向日葵的叶子里含有一种红色油状物质，能杀死动物肠道内的寄生虫和真菌。

鹧鸪、松鸡夏天会在林子里找些嫩草和浆果吃，到了冬天，就找松叶、杉叶和落叶松的树脂吃。这些草里含有丰富的香料和单宁酸，可以麻醉寄生虫，是鸟类的驱虫良药。

印度的长臂猿受伤后，常常把香树叶子嚼得很碎，捏成一团，敷在伤口上。

北美有一种文鸟，在幼鸟出世后，将一种野薄荷的茎叶铺在巢中。据研究，这种野薄荷散发的香味能杀死一些使小鸟死亡的微生物。

贪嘴的野猫有时不小心吃了有毒的东西，又吐又泻。它会急急忙忙去寻找一种带苦味的有毒的藜芦草，食后引起呕吐，渐渐地病就好了。原来，藜芦草里面含有一种生物碱，它有催吐的作用。

手术：自我手术，不烦亲属

头疼脑热的，可以吃点草药来治疗，那要是伤筋动骨了，该怎么办呢？这也好办，我们动物当中也有很优秀的"外科手术专家"。而且绝对是自我治疗，不须麻烦任何亲属。

■ **个个都是"外科手术专家"**

山鸡在自己的腿骨摔伤后，常常飞到河边，用嘴啄些软泥，细心地涂在骨折的腿上，接着又叼些细草混在泥里，最后，再在外面用泥糊结实，做成"石膏模型"，把受伤的腿固定起来，就像外科医生给病人打石膏一样把伤骨固定了下来。用不了多久，受伤的腿就长好了。

当一条蝮蛇的头部被另一条蛇咬伤，肿得很大时，它就赶快爬到河边使劲地喝水。两小时后，头部的肿块便渐渐地消失了。这是由于"输液"后加快了排毒的缘故。

还有不少动物能够为自己做"复位治疗"。黑熊的肚子被对手抓破了，内脏露了出来，它能把内脏塞回去，然后躲到安静的角落里，"疗养"几天，等待伤口愈合。

如果青蛙被石块击伤了，内脏从口腔里露了出来，它就待在原地不动，慢慢吞进内脏，三天以后身体就复原了，又能跳到池塘里捉虫子了。

在乌兹别克斯坦，猎人们常常遇

▲山鹬

▲ 豹子

到一种怪事：受了伤的动物总是往一个山洞跑。有一个猎人决定弄个水落石出。有一天，一只受伤的黄羊朝山洞的方向跑去，猎人就跟踪观察，只见那只黄羊跑到峭壁前，把受伤的身子紧紧贴在上面。没过多久，这只流血过多、十分虚弱的黄羊就恢复了体力，离开了峭壁。猎人在峭壁上发现了一种黏稠的液体，像是黑色的野蜂蜜，当地人管它叫"山泪"。受伤的动物就是用它来治疗自己的伤口的。科学家们对"山泪"进行了研究，发现里面含有30种微量元素，可以促进伤口愈合。用它来治疗骨折，比一般的治疗方法快得多。

有的动物还会自己接骨。一次，猎人开枪打伤了一只山鹬，它的爪子无力地垂下了，这说明它的跗骨被打断了。没想到，过了几天猎人发现它的伤好了。原来，山鹬在受伤后，会用喙取出子弹，用自己身上最细软的羽毛当"消毒棉花"，还会在断骨处两面夹上小木片，最后用树叶包扎成"夹板"，把伤骨固定好。

更让人惊奇的是，动物自己还会做"截肢手术"。1961年，日本的一家动物园里有一头小雄豹的左"胳膊"骨折了。兽医给它做了骨折部位的复位，绑上了石膏绷带。没想到，手术后的第二天，小豹就把石膏绷带咬碎，把受伤的"胳膊"从关节处咬断，接着又用舌头舔伤口，不一会儿，血就凝固了，几天以后伤口就长好了。这是小豹给自己做的一次成功的"外科截肢手术"。小豹好像知道，骨折以后伤口会化脓，后果是很危险的。经过自我治疗，就可保存自己的生命。

唾液：口水竟然有奇效

我老牛舔主人的秃头，是为了表达我对他的亲密，哪里想到种瓜不但得了瓜，还收到了豆子——主人竟然长出了新头发。说实话，我看了觉得很惊异，又同时有点淡淡的哀愁：我以后再也舔不到主人光滑的头顶了；懒猫爱晒太阳，原来，它是在制造维生素。这个家伙在医药学界也是个风云动物啊。

■ 唾液的神奇功效

动物在受伤时为什么都喜欢用舌头来舔舐伤口呢？原来，它们的唾液有消炎杀菌的功能，对病毒也有抑制作用。

在唾液的功劳簿上有个传奇的故事：多年前英国有一家新建的奶牛场，场主喜欢蹲着给牛喂饲料，每当奶牛吃得津津有味时，就会高兴地伸出舌头舔主人的秃头。不料两个月后奇迹出现了：场主光秃了20多年的头顶，居然长出了乌黑的头发。

更令人难以置信的是，现在许多地方都在使用唾液治病。德国巴伐利亚就有一家奇特的皮肤病医院，用乳牛舔病人皮肤的方法，治疗神经性皮炎和头皮癣等顽疾，而且疗效比常规药物治疗好得多。

唾液的这些神秘功效，现在终于被科学家揭开了面纱：原来唾液中有两种珍贵的蛋白质：表皮生长因子和神经生长因子。前者能促进细胞的

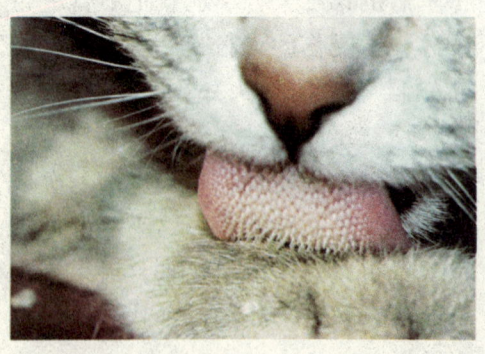

▲ 猫用舌头舔皮毛

▲ 猫

增殖分化，让新生的细胞代替衰老和死亡的细胞，不但能加速口腔内的创伤的愈合，还能促进其他部位皮肤、黏膜的创伤愈合，从而防止伤处发生溃疡；后者则具有促进神经生长的功能，可以使断裂的神经末梢生长延伸，把离断的神经重新"焊接"起来，使受伤的皮肤早日恢复感觉和运动功能。

■ 猫舔皮毛的秘密

猫的唾液是一种"消毒剂"，含有一种叫做"溶菌酶"的物质，具有清洁伤口、杀灭细菌、防止感染化脓和促进伤口愈合的作用。所以，当猫腿、爪等部位受伤时，会用舌头不停地舔伤口，为自己疗伤。然而，我们看到最多的还是猫用舌头舔皮毛。猫用舌头梳理皮毛是爱美吗？这里面可

细胞分化

由一个（种）细胞增殖产生的后代，在形态结构和生理功能上发生稳定性的差异的过程称为细胞分化。它是一种持久性的变化，细胞分化不仅发生在胚胎发育中，如我们每个个体的原始状态就是一个受精卵，由它分化形成不同的组织、器官，行使各自的功能。而且生物一生都在进行着细胞分化，以补充衰老和死亡、凋亡、损伤的细胞。

唾液是生命的护城河

唾液就像生命的护城河，是防御外敌入侵的第一道关卡。我们每天所摄取的营养物质都要首先通过口腔。俗话说"病从口入"，据统计，40%以上的癌症和食物摄入有直接关系。实验证明唾液可以化解致癌物，但这样的解毒反应是需要一定时间的：在与致癌物混合10秒钟以上后，唾液才开始发挥解毒作用，而30秒是最佳的作用时间，可以将致癌物完全化解。所以，许多健康学家呼吁大家每口饭要嚼30次再咽下去。

大有秘密。

你很可能还不知道，猫在用舌头梳理皮毛的同时，也是在定时"口服"维生素D。动物骨骼的生长和正常的生命活动，不仅需要钙，还需要一定量的维生素D。那么，维生素D从哪里来呢？一般来说有两个途径：摄取食物补充维生素D是一个重要途径；另一条途径是"口服"维生素D，猫的舌头便具有这一功能。

在猫的皮毛里，含有丰富的胆固醇和麦角醇，这些物质经太阳光中的紫外线照射后，能转变成维生素D，并蓄积在皮毛里。猫的皮肤厚，它像其他动物的皮肤那样能吸收维生素D，因此，它用舌头使劲舔自己身上的皮毛，从中获取维持机体生理活动需要的维生素D。可见，猫舔皮毛是为身体所需。除猫之外，像狮子、狗等动物，它们也有用舌头舔皮毛的习惯，同猫一样，它们也在"口服"维生素D。

洗浴：不长虫子，不生病

我们鸟类家族不像灵长类家族的成员，会互相梳理毛发。但我们也有自己的绝招，那就是洗澡。至于洗个什么样的澡，那就得看情况了。有水就洗个水澡，有沙地就洗沙澡，要不就来个日光浴也不错。如果实在烦透了身上的寄生虫，也可以巧妙地利用一下蚂蚁喷射的"药水"，对寄生虫来个彻底的大围剿。

■ 洗洗更健康

许多鸟儿有用水洗澡的习惯。鸟儿在洗澡之后身体几乎全湿，这时它们要抖水和理羽，它们仔细地用嘴叼着羽毛，向羽毛的尖端一点点地捋，把杂乱的羽毛梳理得既整齐又漂亮，显得格外的精神焕发。这些梳理工作，占据了鸟类不飞行时大部分的时间，梳理整整齐齐的羽毛，效用是当飞行时成为翅膀和尾翼的助力，并且保持空气流体力学的原理，将空气阻力降低，使飞行更为顺畅，节省体力和能量的支出。另外，水浴还可以清洗鸟体上的污垢，降低鸟体温度，对鸟的健康十分有利。

鸟类除喜欢用水洗澡外，还有许多奇特的洗澡方式。譬如雉鸡、鹌鹑、百灵进行沙浴，沙浴的做法是，在干燥松软的土地上挖一个盆状穴，鸟在穴中用翅膀把沙土拱到身体上，同时扑打双翅，像水浴那样，或让沙土遍及全身，最后再抖动身体，把沙和土从羽毛上抖掉，它们还常常啄取沙砾来摩擦皮肤，梳理羽毛，以驱除体外的寄生虫，增加羽皮的健康。

鸱鸺及猛禽类，在天气晴朗的日子，常像晒衣服似的展开翅膀进行日光浴；鸽类则常常展开一侧翅膀对着强烈的阳光进行日光浴。鸟类通过日光浴，能吸收热能使自身的温度增高，加强血液循环，增进食欲，同时，阳光还能刺激脑垂体，增加性激素和甲状腺的分泌，促进鸟类的生长发育，并且有杀菌消毒的功能。

■ "蚂蚁浴"妙用

有趣的是有些鸟类喜欢用蚂蚁来"洗澡"。进行"蚂蚁浴"有两种方法：一种是叼着蚂蚁擦涂羽毛；一种是置身于蚁巢或蚂蚁队伍中，请大群的蚂蚁帮着"洗澡"。有蚁浴习性的鸟至今观察到的约有150种，主要是一些小型鸟类。

那么，鸟儿为什么要用蚂蚁来洗澡呢？原来，鸟儿羽毛底下的皮肤因为温暖而舒适，对于跳蚤、虱子和寄生虫特别有吸引力，使鸟儿感到浑身不舒服。而蚂蚁既会除虫，又会散发蚁酸；在这种带有酸性或刺激性的蚁酸的帮助下，小鸟可以将那些不受欢迎的来客驱逐出去。

蚁酸也是清除动物皮肤寄生虫最有效的东西。一只森林红蚁可以生产2毫克的蚁酸，在必要时它可以将蚁酸喷射20厘米远。许多鸟知道这种蚁酸的好处，于是它们常常用嘴捣毁蚁穴，并且张开翅膀，盖住蚁穴。受惊的蚂蚁在仓皇出逃时喷射出蚁酸，这样小鸟就巧妙地洗了免费"药浴"。

受野鸟蚂蚁浴灭虫的启示，对于家庭笼养的观赏鸟，如果发现有了寄生虫，可以在鸟笼里放上一个盘子，盘里放上适量的柠檬汁。因为柠檬汁所含的果酸与蚁酸的成分近似，鸟儿很聪明，当它知道自己身上有寄生虫时，就会往身上涂抹柠檬汁，这是一个给鸟驱虫既经济又方便的小窍门。定期消毒清洁笼舍，也可防止臭虫或虱子等寄生虫躲藏在角落。

蚂蚁沐浴除可驱除寄生虫外，还可以帮助鸟儿治一些病。例如，欧椋鸟一旦患上关节炎，便会飞到森林红蚁穴前，频频振动羽翼吸引蚂蚁到它身上来叮咬。森林红蚁也不是好惹的，纷纷向欧椋鸟体内注射蚁酸。蚂蚁根本不知道中了欧椋鸟的"诡计"，蚁酸雨正好成了欧椋鸟的"药物浴"，帮助欧椋鸟治好了关节炎。

▲一只辉紫耳蜂鸟在南美的一条河中浸水后迅速升空

蜂鸟需要经常淋浴，既是为了保持翅膀的清洁以处于良好状态，也是为了在炎热天气中实现降温。

分外默契的"贴心搭档"

海参和隐鱼：不同生，但有可能共死

海参给隐鱼提供"避难所"，而作为回报，隐鱼将自己的排泄物送给海参当食物。这一对好朋友彼此包容，倒也能和谐共处。可是，要是隐鱼受敌人追击，一时慌乱而出错，就会导致两个好朋友双双殒命。

■ 海参的内脏可以重生

海参是海生的棘皮类动物，通常生活在水温颇低的海底，依靠吸食海中的浮游生物维生。这种动物生性迟钝，移动缓慢，每小时仅能移动4米，比蜗牛还慢。它的防御武器很特殊，当遇到天敌偷袭过来时，它会迅速地向来犯者"射击"出自己的内脏。当凶猛的对手忙于吞吃海参的内脏时，海参则借助自身排脏的反冲力，逃得无影无踪了。

海参没有内脏怎么活？不必担心，海参体内有一种能再生、修补受伤或坏死细胞的结缔组织。因此海参的再生力很强，一旦抛掉内脏后，仍然能够活下去。但是内脏重新长出来需要大约五十天的时间，这期间，海参不能再使用这种方法躲避灾害。为了适应环境，海参于是寻找外援，靠与其他动物共生来生存避敌。与它共生的动物达十几种，其中最著名的是隐鱼。

■ 隐鱼犯下的致命错误

隐鱼是活动于海洋深处的小鱼，头部和尾部很尖。正是因为这种奇特的身形，成就了它"隐身"的特殊本领。它的"隐身"就是钻进海参的肠道。平时，隐鱼四处游动寻找海参，当发现目标时，便靠近海参并找准海参的肛门，然后转个身将尾部先插进去，不一会儿，它那细长的身子就钻进了海参体内。

▲ 海参

　　隐鱼之所以寄生在海参体内，是因为海参的天敌很少，它躲在里边如同找到"避险洞"。钻进海参体内的隐鱼，吃着海参体内流进流出的海水带来的食物，但隐鱼并不吸收海参的营养。隐鱼白天藏在海参体内当做舒适的住所，夜间出来捕食小甲壳类动物。同时，海参对隐鱼表现出极大的耐心，并不拒绝隐鱼的自由出入，因为隐鱼的排泄物是海参的主要食物。

　　也许有人还有疑问，为什么隐鱼"隐身"时尾部先钻进去呢？这是因为隐鱼的肛门在喉部，它必须在一定的时间内将头伸出腔道，将排泄物排出。那么，有了这种特殊本领，隐鱼是否就平安无事了呢？不是这样的。当没有"隐身"的隐鱼受到攻击时，它便会迅速寻找海参"隐身"。平常它们都是尾部先进入海参肠道，可当它受到攻击时由于着急，往往是头部先钻进去。这样，它就犯了一个致命的错误：当它排泄的时候，因为排泄物无法排出海参体外，只能堆积，最后堵住海参的腔肠，海参不久便会死亡，而隐鱼也因食物不足，而饿死在海参腹内，双方不得不同时赴死。

蚂蚁和蚜虫：好"主人"与好"仆人"

蚂蚁和蚜虫的关系就是一个是主人，一个是宠物奶牛。蚂蚁呢，身在其位，谋其职责：保护和关心蚜虫和蚜虫的下一代，蚜虫呢，也尽心尽力地提供蚂蚁喜欢吃的蜜露。它们是一对优秀主人和忠心仆人的好表率。

■ 蚜虫是蚂蚁的"奶牛"

蚜虫是一种危害农作物的害虫，靠吸食植物的汁液生活。它们的粪便亮晶晶的，含有丰富的糖，我们称之为"蜜露"。

蚂蚁非常爱吃蜜露，常用触角拍打蚜虫的背部，促使蚜虫分泌蜜露。人们把蚂蚁的这一举动叫做"挤奶"，而把蚜虫比喻为蚂蚁的"奶牛"。蚂蚁用触角不断地按摩蚜虫，促使蚜虫多分泌蜜露，然后将蜜露运回巢穴中去贮存起来，以供享用。

蚂蚁不仅会"挤奶"，还会饲养和放牧蚜虫。它们是昆虫王国的放牧人。有时，蚂蚁会将蚜虫驱赶到多叶的地方，用泥土围起来，形成一个好像人类放牧乳牛的牧场。蚂蚁不时地来吸取蚜虫分泌的甜液，并保护"牧场"，若有其他昆虫侵入，蚂蚁会不客气地释放出蚁酸来驱赶。春暖花开，正是放牧的大好时节，蚂蚁便把"奶牛"送到绿树或青草上。搬运蚜虫时，蚂蚁用嘴牢牢地叼住这种"小牲畜"。蚜虫也配合得很好，它顺从地收缩起小腿，以免挂在树枝上。

▲ 运送蚜虫的蚂蚁

如果蚜虫繁殖得太快，"牧场"里已挤不下，蚂蚁就会把它们搬运到新的"牧场"去。负责放牧的蚂蚁会认真地守卫在那里，保护蚜虫免受瓢虫、壁虱等天敌的侵害，提防其他蚂蚁把蚜虫抢走。为了更好地保护自己的"奶牛"，蚂蚁甚至会为它们修建"牛栏"：蚂蚁们在带有蚜虫的植物茎秆上抹上泥土，在茎的上方修建小土屋，在土屋的拱顶下，蚜虫悠闲自在地刺吸着植物的汁液，而蚂蚁就守候在"牛栏"的出入口。

秋天蚂蚁还会收集玉米上的蚜虫卵，藏在地下蚁穴中，使它们在冬天不会被冻死。春天一到，蚂蚁会取出蚜虫卵，送往新栽种的玉米根部。这些卵孵化后，新蚜虫就能从玉米根部吸取汁液，蚂蚁也能享用新鲜的"牛奶"了。

■ 因嘴馋而不顾后代

除了蚜虫，蚂蚁还放牧其他"牲畜"，如介壳虫、木虱、蝉和一些鳞翅目的幼虫也能为蚂蚁提供"牛奶"。只是这些幼虫的"奶"，并不是蚜虫提供的那种含糖丰富的粪便，而是幼虫背部一滴滴流出来的特殊分泌物。

另外，蚂蚁的洞穴中还生活着一种与蚂蚁共生的动物——乞丐虫。乞丐虫是一种棕红色的虫子，长五六

▲ 蚜虫

毫米，肚子向上翘。当它遇到蚂蚁时就会用触须碰蚂蚁，蚂蚁就会从它的嗉囊里吐出食物供给它食用。使人难以理解的是，乞丐虫竟会恩将仇报，吞食蚂蚁的幼虫；对乞丐虫的这种行为，蚂蚁却视而不见。更令人不可理解的是，每当蚁巢遭到强敌侵袭时，蚂蚁总是先抢救乞丐虫，再去救自己的幼虫。这究竟是怎么回事呢？人们通过观察发现：一只只蚂蚁跑到乞丐虫那儿，扯动它腹部两侧的黄刚毛，然后贪婪地舔食从刚毛处流出来的汁液。这是一种有芳香气味的挥发性液体。因而有些研究者认为，蚂蚁对乞丐虫渗出物的偏爱，就像有人喜欢抽烟、喝酒一样。蚂蚁正是因为沉迷其中，才会连自己的下一代都不顾。

小动物的大智慧

犀牛和犀牛鸟：大朋友和小朋友的情谊

犀牛和犀牛鸟是一对朋友——大朋友和小朋友。小朋友是大朋友的"私人医生"，帮它捉拿皮肤上的寄生虫，而这些寄生虫又是小朋友最喜爱的食物。小朋友知道大朋友是个"近视眼"，容易忽略近处的敌情，总是热心地给它站岗放哨，充当"警卫员"的角色。

■ **犀牛皮肤藏污纳垢**

犀牛生活在非洲大草原上，它们身体庞大，四肢粗壮，皮肤坚硬，体重可达1500千克，头上长着两只奇怪的角，一前一后，前大后小。大角有90厘米长，顶起架来，任何猛兽都不是它的对手。别说是鬣狗、猎豹，就是被称为兽中之王的狮子也敌不过它。犀牛发起脾气来，连大象也要让它三分。然而，这样一个蛮横凶猛的家伙，居然也有一个知心的朋友——犀牛鸟（也叫牛鹭或剔食鸟）。它们是形影不离的亲密伙伴。

犀牛喜欢在泥塘里打滚，让全身沾满污泥，以防蚊子、苍蝇的叮咬。另外，非洲阳光强烈，炎热难忍，身上沾满污泥，也可以防止阳光的暴晒。可是有利也有弊，犀牛皮肤皱褶很多，缝里的皮膜娇嫩异常，神经血管密布其间，犀牛在泥塘里打滚，皮肤皱褶自然成了藏污纳垢

▲白犀是世界上第三大陆地哺乳动物（只有亚洲象和非洲象比白犀体型大），雄性白犀可重达2吨多。

▲犀牛鸟在犀牛身上怡然自得,引吭高歌,它和犀牛互惠互助。

食着小虫,把犀牛伺候得舒舒服服,同时它自己也吃得饱饱的。犀牛对犀牛鸟也格外欢迎,任它在自己身上飞上飞下。犀牛所以对犀牛鸟这样客气,是因为它在为自己捉拿寄生虫,所以有人称犀牛鸟为犀牛的"私人医生"。

的地方,各种寄生虫在那里安营扎寨,这些寄生虫吸食犀牛的血液,使犀牛疼痛难忍,不得安宁。而犀牛鸟则为犀牛解了燃眉之急。

■ "私人医生"兼"警卫员"

犀牛鸟是捕虫的好手,它们成群地落在犀牛背上,不断地啄食着那些吸血虫。犀牛鸟总是无拘无束地在犀牛背上蹦蹦跳跳,甚至毫不客气地爬到犀牛的嘴巴或鼻尖上去,不断地啄

除了帮助犀牛驱虫外,犀牛鸟对犀牛还有一种特别的贡献。犀牛虽然嗅觉和听觉很灵,可视觉却非常不好,是天生的近视眼。犀牛平时总是低着头,若是有敌人悄悄地前来偷袭,犀牛就很难察觉到。这时候,它忠实的朋友犀牛鸟就会飞上飞下,叫个不停,向犀牛发出警报,提醒它注意。这时,平日里傻头傻脑的犀牛便会立刻警惕起来,并提早做好反击或是逃跑的准备。所以有人又把犀牛鸟称为犀牛的"警卫员"。

小动物的大智慧

蜜獾和导蜜鸟：甜蜜相交

我们蜜獾本是一种孤独的动物，却和导蜜鸟"甜蜜相交"。原因是，我俩都对蜂巢有感情，不过口味却各异。我爱吃蜂蜜，我的朋友爱吃蜂蜡。它飞得高，眼光锐利，能及时发现蜂巢；我天生勇敢，不怕蜂蜇。我俩合作，就总能吃到甜蜜的食物。

■ 合作才能吃上美食

非洲蜜獾要吃蜂蜜，它牙齿锋利，前爪粗硬有力，适合挖土、爬树，专门捣碎蜂巢。它皮肤坚硬厚实，上面布满了长而蓬松的粗毛，不怕野蜂螫。导蜜鸟平时也总是忙于寻找野蜂巢，不过它感兴趣的不是蜂蜜，而是组成蜂房的蜂蜡。但要让它把蜂巢弄破，却显得无能为力，所以只好找蜜獾当帮手。

野蜂常常把巢筑在很高的树上，蜜獾不易找到。所以当目光敏锐的导蜜鸟一旦发现树上有蜂巢时，便马上四处寻找蜜獾。为了引起蜜獾的注意，导蜜鸟就不停地扇动翅膀。身体做出特殊的动作，并发出令人注意的"嗒嗒"声。当蜜獾得到信号后，便匆匆赶往目标所在地，爬上树去，咬碎蜂巢，吃掉蜂蜜。而此时导蜜鸟则悠闲地在旁边等候，等蜜獾美餐一顿走了以后，再来独自享受被蜜獾咬碎的蜂房里的蜂蜡。蜜獾和导蜜鸟真是一对好伙伴！

当地黑人很了解这种动物的习性。他们早已发现，导蜜鸟能将蜜獾引到有蜜蜂巢的地方。于是人们便也跟随叫唤的小鸟，去找蜂巢，弄到蜂蜜。有趣的是，导蜜鸟也情愿给人做向导，它们也可以和人建立"甜蜜的友谊"。因为这对导蜜鸟来讲，人或动物都无所谓，反正它的伙伴要蜂蜜，而自己要蜂蜡，这真是皆大欢喜。

煞费苦心的花样求爱

狼蛛："死亡约会"

在我们的国度里，雌蜘蛛有着"爱心妈妈，彪悍妻"的说法。为什么这么说呢？因为洞房花烛之后，我们会将我们的"新郎"给吃掉。为什么我们如此狠毒、无情？科学家们给出了2个说法。至于这2个说法对不对，我们也搞不清楚。我们只知道，为了保护娃娃我们会不惜一切。

■ 短命的"新郎"

它们经常从后面追赶猎物，而且背上长着狼毫样的毛，因此被统称为狼蛛。和普通蜘蛛一样，狼蛛拥有8只眼睛，但中间的一对眼睛要远大于其他6只。加上露出两只獠牙的毛茸茸脸颊，使它看上去更加可怖。除了冰雪覆盖的地区，地球上各处都可以看到狼蛛的影子。狼蛛平时过着游猎生活，一到繁殖季节，雄狼蛛便百般讨好雌蛛，大献殷勤。

雄狼蛛求偶时，先纺织一个小的精网，把精液撒在上面，然后举着构造特殊的脚须捞取精液，含情脉脉地靠近雌蛛。在靠近雌蛛前，雄蛛会先与危险的爱人保持一个安全距离，用长腿在网上做波浪的运动作为求偶信号，待雌蛛作出明确无误的性反应后才进一步接近。之后雄蛛会在网的一角跳起热情奔放的求婚之舞，以特定的频率使网发生震颤，但与昆虫落网的挣扎绝不相同，否则雌狼蛛会毫不客气地误把它当做猎物。若对方不作

▲ 狼蛛

出适当反应，雄蛛是不会冒着生命危险上前求爱的。这时，雌蛛如果不动，并把前面两对足缩到胸前，轻轻抖动它的触须，就表示接受了对方的爱情。得到了想要的信号，雄蛛会迈着轻快的步伐，爬进网内和雌蛛举行婚礼。如果雄蛛贸然前往，很有可能被雌蛛吃掉。令人惊讶而咋舌的是交配以后，大多数雄蛛会被雌蛛吃掉，雄蛛就成了短命的"新郎"。

▲ 狼蛛大多数穴居。

■ 不同的命运

在交配完成后雄蛛常会被雌蛛吃掉，但雄蛛是不是心甘情愿的就不好断定了。说雄蛛是心甘情愿被雌蛛吃掉的，主要有两个原因：一是雌性狼蛛会无微不至地照顾卵和幼蛛，在照顾后代的过程中往往会忍饥挨饿，因此在生育前积蓄更多能量将有利于抚育后代，于是，在狼蛛宝宝出生前，雄蛛就作出了贡献。二是雄蛛为了遗传自己的基因而采取的一种极端行为。雄性狼蛛在交配过程中用须肢将精液送入雌蛛的受精囊，当身体的其他部分被雌蛛吞食之后，须肢等一部分肢体残片就会留在雌蛛体内，这样可以防止雌蛛再与其他的雄蛛交配。其他雄蛛要想与这只雌蛛交配就必须先拽出雌蛛生殖道内原先那只雄蛛的肢体，但其成功率非常低。科学家发现，每10只雌蛛中大约只有2只能被成功拽出雄蛛的肢体。

一般来说，求偶的雄蛛被雌蛛吃掉的危险极大，因为雌蛛视力差得可怕，而且身材通常要比雄蛛庞大得多。但并不是所有的雄蛛在约会时都心甘情愿被爱人吃掉，有些雄蛛会想办法既成功约会，又保护性命。花蟹蛛类的雄蛛在与雌蛛约会时，会先略施小计骗来雌蛛，然后用蛛丝把雌蛛牢牢捆绑起来，以保证自身绝对的安全。有些蜘蛛生来有一副专门的附器，约会时用它把情人张开的利嘴堵住，使她失去咬噬自己的能力。至于公关大师雄盗蛛，在约会前是先递给对方一件"结婚礼物"（一般是用丝缠捆着的猎物），以获得雌蛛的芳心，然后开始约会。

小动物的大智慧

斗鱼：求婚礼物"泡沫床"

我们家族的男同胞们生性勇猛好斗，对于情人，一开始我们会很温柔地追求。但如果追求不成功，我们当中一些脾气特别坏的家伙，就会恼羞成怒，一路追杀自己的单恋对象，直到雌鱼跳出水面逃跑。对于自家的娃儿，我们的男同胞是个好父亲，孩子还没出生，它就先把"泡沫床"一手建好了。娃儿从出生到孵化，都是它自己辛勤看守着，保护着。妈妈早就被它赶跑了。原来，贪嘴的妈妈会把自己的卵给吞吃掉。

■ 不易破碎的"泡沫床"

斗鱼，是一种色彩斑斓的热带鱼，有着丝带一般的鱼鳍，颜色分红、白、绿、蓝、青多种。雄斗鱼以善斗出名，当两条雄鱼碰到一起时，双方就要展开一场厮杀。随着战斗的激化，鱼体的颜色也逐渐由浅变深，发出夺目的金属光泽，一旦败北，鱼体也顿时晦暗起来。虽然雄斗鱼在战场上凶猛强悍，但在平时却很温驯，尤其是在谈情说爱期间更是显得温情脉脉，极富耐心。

雄斗鱼在生殖时期，身披色彩斑斓的外衣，寻找自己的心动伴侣，还不时地游上水面吞进大量的空气，然后即刻沉入水中吐出空气，产生许多黏性的气泡，无数小泡黏附在一起，形成一个表略平扁的浮巢，浮巢常常筑在水生植物漂浮的叶子或茎上。这个浮巢是雄鱼用来抚养子女的"泡沫床"。平常斗鱼呼出废气时也会形成气泡，但这些气泡一到达水面就会很快破碎。然而，这些正准备结婚的雄鱼由于一种荷尔蒙的作用，口腔内的黏液细胞会产生大量的黏液；当它吐气时，黏液一与空气混合，能给予新形成的气泡相当大的稳定性。因此，

▲ 盖斑斗鱼

这个育婴的泡沫床颇为坚固，不容易破碎。

■ 死缠烂打百般求爱

当巢筑成后，雄斗鱼开始向雌鱼求婚，雄鱼在雌鱼的周围不停地游来游去，尽量把美丽的鳍舒展开，口也张得很大，鳃膜突出，可以看到鳃膜内鲜红色的鳃。在求爱过程，雄鱼身体颜色变得特别鲜明，身体和鳍出现虹光样的灿烂，而且会由于极度兴奋而颤抖。

雌斗鱼对泡沫床本来就很感兴趣，再经过雄鱼百般的求爱动作后，雌鱼往往就会接受雄鱼的求爱，并且接近雄鱼。如果雌鱼对雄鱼的求爱表现无所反应，雄鱼就再也忍不住而恼羞成怒，追逐雌鱼一直到它跳出水面脱逃为止。

雌鱼如果同意求爱，雄鱼会把身体弯曲到嘴和尾都能触及母鱼的背部而成"U"字形，会给母鱼一个婚礼的拥抱，它们开始进行结婚仪式，雌雄鱼分别排出卵子和精子。由于卵子比水重，卵子在水中往下沉，此时在下面等待着的雄鱼，用口接住，并在卵上涂上一层黏液，再向上游泳，把卵粘着在浮巢下面。

负责任的好父亲

尽管雄斗鱼斗架时非常残忍，但对自己的子女却爱护备至。雌鱼产卵结束后，雄斗鱼会将雌鱼驱赶走，因为雌鱼会吃自己的卵。在鱼卵孵化时，雄斗鱼日夜守护在巢边，一刻也不休息，并不时地吹泡修补浮巢，有脱落的卵或初孵仔鱼，雄斗鱼便会用口衔住，送回巢内。经常环绕气泡巢四处游动，警惕地防范着可能入侵的敌人。

小动物的大智慧

鸊鷉：" 一舞定终身"

> 我们家族的男同胞很善公关，如果，它看上了一个中意的对象，会先把自己打扮得帅气、威武些，然后送上礼物（一根水草）。雌鸊鷉如果感觉这小伙还行，就会同它跳场交谊舞，这也是两只鸟儿互相了解和表达爱意的过程。"一舞定终身"后双方就开始共同建造爱巢，为孕育下一代做准备。

■ 优雅的水上表演

鸊鷉常被称为"潜水魔鬼"。在水里憋气一分钟对鸊鷉而言是小菜一碟，而且一口气能潜泳二三十米。它们最喜欢的游戏就是扎猛子，一个猛子下去，鱼儿就会惊慌失措地跳出水面，其中肯定有一条是鸊鷉的盘中餐，所以鸊鷉也常被人叫"捕鱼能手"。

雄性鸊鷉，平时长得灰不溜秋，但一到春天，就会换上漂亮羽毛：脸部是金黄色，背部是深红色，腹部则是白色。雄鸊鷉为什么要换羽毛？原来是为了追求爱侣。

每年5月，鸊鷉开始繁殖。雄鸟和雌鸟从相识到交配有一段非常有趣的求偶舞蹈。如果雄鸊鷉看中了一只雌鸊鷉，就会游到雌鸊鷉面前，整理羽毛，让自己看起来更威武，然后从水里叼起一根水草。

如果雌鸊鷉愿意的话，它们就会跳个"婚礼舞蹈"：面对面低头展翅，然后抬头仰脖，保持身体直立，拍动双翅，用脚踩着水面，迅速向前，左右交替，雌进雄退。当互相快碰到的时候，又骤然停下改为后退。这简直就是一场优美的芭蕾。鸊鷉通过舞蹈，对对方有了更多的了解和好感，更容易赢得对方的芳心。它们相互表达爱意后，就衔着水草开始共同建造洞房。

独门杀手锏

▲ 北美䴙䴘在表演它们的求偶炫耀行为——"向前冲"仪式：雄鸟和雌鸟同时冲出水面，肩并肩迅速向前奔去，颈成拱形，喙朝上。

选好配偶的䴙䴘，它们谈情说爱不但在白天，也常常在月色朦胧的夜晚进行。每当这时，它们的表现非常复杂，丰富多彩，其中摇动头部是最常见的动作，还有衔芦苇、用嘴梳理羽毛、展示翅膀等。有时雄鸟和雌鸟先面对面相互注视，然后一齐猛扎入水，片刻后浮出水面，嘴里都衔着一撮水草，再面对面地注视，并摇头晃脑；时而又在平静的水面上翩翩起舞，不厌其烦地表演技巧复杂的水上芭蕾。

黑琴鸡："比武争亲"

用哪种方式更能表现我们男性成员的孔武有力呢？当然是格斗。为了赢得雌鸟的欢心，我们雄鸟在格斗场上是不会顾及自己的伤痕的，因为这是一场"成者为王败者寇"的挑战。最后的英雄会带走所有在场的雌鸟。而失败者要么继续在下场格斗中赢得机会，要么只能做个灰头土脸的单身汉。

■ 胜利者才能得到伴侣

黑琴鸡雄鸡和雌鸡的差异非常明显。雄鸟全身羽毛都是黑色的，并闪着蓝绿色的金属光泽，尤其是脖子部分更为明亮。翅膀上有一个白色的斑块，称为翼镜。别致的是它的18枚黑褐色尾羽，最外侧的三对特别长并呈镰刀状向外弯曲，与西洋古琴的形状十分相似，所以得到"黑琴鸡"的美名。雌鸡的羽毛大都是棕褐色的，满布以黑色和赭褐色横斑，翅膀上也有白色的斑块，但不及雄鸡的显著，尾羽虽然也呈叉状，但外侧的尾羽不长，更不向外弯曲。显然雄性比雌性外表美丽。

▼黑琴鸡

每年4月上旬到中旬，有的甚至早在3月底，黑琴鸡就进入了繁殖季节，雄鸡最显著的变化就是眼上方由皮质丝状物构成的眉纹开始充血膨胀，呈鲜艳的血红色，远远看去，就像鸡冠。它们开始了一年一度的选择配偶的活动。

它们先在林中空地上来回飞翔，寻找合适的比武场地。一般有固定的场地，多选择杨树林、桦树林的疏林地或森林边缘比较开阔的地带作舞场，有时也在有零星树木和灌丛的林间空地、森林沟谷、离林较近的田野和草地，沿河的有林地带和草甸上。炫耀高峰期在每日的清晨和傍晚。

当场地找到后，雄鸡便低头，伸脖子，嘴不断抖动，低声吟唱求偶歌；同时翘起琴状的尾羽，半张翅膀，露出白色的尾下覆羽，向场外的雌鸡展示自己健美的体形。随后又迈着轻快的舞步跳起求偶舞，或拍翅飞行，或振翅跳跃，向异性大献殷勤。

舞后便开始格斗。十多只黑琴鸡或成对厮杀，或打成一团，时而跳飞，时而奔跑，只见场地上尘土飞扬，羽毛散落，雄鸡们厮打得难解难分。这时雌鸡在场外悠闲自得地观战，耐心地等待胜利者向自己求婚。几个回合的较量之后，胜利者得意扬扬地又跳起了求偶舞，同时口吐白沫，昂首挺胸地走在前方。雌鸡们立即尾随其后，边舞边发出有节奏的鸡叫，并且啄食雄鸡吐在地上的白沫，表示愿意与对方婚配。

企鹅：用石子求婚

南极阿德里企鹅中的雄鸟很懂雌鸟的心思，为了得到雌鸟的青睐，它们会送上昂贵稀少的小石子。这小石子在冰天雪地的南极可比钻石金贵呢。它们是用来建筑爱巢抚育宝宝的。当一只雄企鹅拥有的小石子越多，它越能轻易吸引雌企鹅。社会贫富的分化，导致不少弱势群体走上"致富"捷径——偷盗。当被石子的主人发现后，这些小偷被毫不客气地赶跑。

■ 小石子作为见面礼

企鹅经过数千万年暴风雪的磨炼，全身的羽毛已变成重叠、密接的鳞片状。这种特殊的羽衣，不但海水难以浸透，就是气温接近-100℃，也休想攻破它的保温防线。在南极寒冷的环境中几乎没有什么东西可以在企鹅繁衍后代时为它们挡风遮雪，可以利用的东西只有一样，那就是石头。企鹅的求偶行为正与石头有关。

企鹅每年仅产卵一次。每到交配季节，长途跋涉赶往交配地的企鹅们，会在鸣叫声中寻找旧日伴侣，如果不幸旧日伴侣没有回来，它们会继

▼企鹅

续寻找新的配偶，雌企鹅一般有选择配偶的权利，这就意味着雄企鹅要主动出击。

企鹅的爱情生活是循规蹈矩的，基本实行"一夫一妻"制。企鹅求偶时，时常双双对歌鸣唱，伴随着滑稽可笑的动作，一会儿互相扇动着翅膀，一会儿把扁平的长嘴一齐指向天空。南极的阿德里企鹅求偶方式更加有趣。雄企鹅求爱前需要挑选一些小石子作为见面礼，在冰天雪地的南极这是很难找到的礼物。

■ 小石子是最重要的财富

▲ 刚找到伴侣的企鹅

雄企鹅常常会去海边捡些小石子，衔着石子摇摇摆摆走到雌企鹅身边，忐忑不安地将石子放在雌企鹅的脚边，然后退几步站在一旁观望雌企鹅的态度。一旦雌企鹅认可了求婚礼物，它们便会用石子在雪地的背风处筑起洞房，然后产卵育儿。

小石子围成一个窝的形状的洞房，这可以有效地防止卵的滚动。在南极由于到处冰雪覆盖，小石子成了稀缺资源，被严格控制起来。每个企鹅所分配到的小石子数量是相当有限的。所以，公企鹅拥有的石头越多，说明它的家产越雄厚，就越容易吸引母企鹅。

在企鹅中偷石子的情况时常发生。有的雄企鹅看上了雌企鹅，但苦于找不到求婚礼物，就想到了偷窃。它们会趁别的企鹅不注意时，偷偷拿走人家的小石子。但如果被主人发现，就会被毫不客气地赶跑。它们常常不惜冒着生命危险偷取邻居的石子。

在冰天雪地的南极大陆，石子就是企鹅最重要的财富，它们用石子来筑巢产卵，拥有石子的数量直接决定了赢得配偶的机会。甚至为了生儿育女，当已经结过婚的雄企鹅去偷取其他企鹅的石子时，雌企鹅就会与那家的雄企鹅约会，这样邻居就会让雄企鹅带走几颗石子。

小动物的大智慧

园丁鸟：建筑大师和女强人

靠着出色的设计和建筑才能，我们男同胞的声誉已名扬四海。连你们人类看了我们的"求婚礼物"，也忍不住竖起大拇指。我们这辈子把过多的精力放在这件"艺术品"上，也就无暇照顾妻子和情人们，好在，我们家族里雄鸟个个都是这副德行，雌鸟们知道抱怨没用，只好专心修炼自己，成为"女强人"。

■ 爱巢越华丽越好

园丁鸟生活在澳大利亚东部沿岸的森林里。当雄鸟发育成熟后，早在交配季节到来之前，就开始营建爱巢以吸引配偶。它先在林间空地上选择一个树荫不太浓的地方，清理出一块1平方米左右的地方，用一束束的树枝插成互相平行的两行，筑成一条通往爱巢的几十厘米长的林荫甬道，然后开始建造爱巢。

爱巢建造好了，它们选择黄绿色的枝叶、蓝色和黄色的花、蓝色的浆果和鹦鹉的羽毛进行装饰，甚至还会从附近居民家里找来玻璃珠、瓶盖、纸片、纽扣、彩色毛线和金属丝来作装饰品。它们还用蓝

▲ 正在仔细筑巢的雄园丁鸟，如果碰到心仪的对象，它那头顶的冠羽还会竖得老高，以此来吸引对方。

▲ 缎蓝园丁鸟也是一种极擅长筑巢的鸟，它们还对蓝色的物体有极度的偏爱。

色浆果的果汁点缀爱巢内部的颜色。

它们把门开在爱巢南端，这样可吸收更多的阳光。在门前的空地上，铺着细枝和青草，里面有各种各样的收藏品，包括叶、花、果、蘑菇、石英、小刀、叉、剪、眼镜、钱币、贝壳等，这些都是它求爱时向雌鸟炫耀的资本。当那些鲜花和浆果干枯后，园丁鸟就用新鲜的来代替。它们总是尽可能地增加自己的收藏，有时甚至会从其他园丁鸟的巢里偷东西，或者破坏其他鸟的巢。

一旦有雌鸟来到漂亮的亭子前，雄鸟便兴高采烈，围绕着爱巢转，向对方介绍洞房的华丽，同时跳起优美的求婚舞，用嘴捡起各种精致的珍品让客人观赏。此时，吸引雌鸟的不仅仅是用了多少东西搭建爱巢，还要看这些东西是怎样的独特。雌鸟如果满意，便和雄鸟进入洞房。

园丁鸟的爱巢仅仅是为求婚而设计的洞房，实际上孵卵巢是婚后由雌鸟独自修筑的。孵卵巢是一种杯形巢，建在离爱巢几百米远的空地上或树枝上。雌鸟单独孵卵和照顾后代，不需要雄鸟再做任何事情。而风流的雄鸟则继续忙于修饰爱巢，费尽心机引诱下一只雌鸟前来约会。

■ 筑亭本领不是天生的

求偶亭的选址往往需要符合一种或多种微环境特征。直至不久以前，人们一直认为一雄多雌制种类的雄鸟会形成集体炫耀的展姿场，同一个群体的园丁鸟聚集在某些求偶亭炫耀。然而这样的推测只在齿嘴园丁鸟中得到了证实。雄齿嘴园丁鸟会在森林地面的落叶层清出一块求偶区域，铺上绿叶，叶子颜色较浅的一面朝上，然后几乎持续不停地鸣叫，吸引雌鸟前来。由于它们的求偶区域在栖息地中呈不均匀分布，于是在某些地区便产生了密集的炫耀群体，从而形成了展姿场。而对黄头辉亭鸟、缎蓝园丁鸟、浅黄胸大亭鸟、冠园丁鸟、阿氏园丁鸟和金亭鸟的研究发现，这些种类并不形成集体炫耀的展姿场，它们的求偶亭分布均匀。斑大亭鸟则会在某些栖息地形成展姿场。

求偶亭的亭址往往会使用数十年，雄性成鸟在这一点上表现出极大的忠诚度，如有些缎蓝园丁鸟的亭址已使用了长达50年时间。雄性未成鸟要当五六年的"学徒"，它们参观成鸟的求偶亭，然后搭建简单的"实习"亭来锻炼手艺。筑亭本领不是天生的，至少从对缎蓝园丁鸟的研究中可断定其很大程度上为后天习得。

■ 爱"美"是园丁鸟的天性

园丁鸟不但会盖"房子"，有的还会同时鸣唱另一物种雌雄二重奏的两个声部，还有的能轻松模仿笑翠鸟的沙哑笑声。另外，它们都会跳舞。对美的东西，园丁鸟有种极致的追求，它们甚至为了"装饰"房屋，而杀死一堆颜色绚丽的甲虫。已知的物种中，除园丁鸟外，只有人类会以这种方式处理动物。因此，进化生物学家贾里德·戴蒙德称它们为"与人类最为神似的鸟类"。

另外，更加让人不可思议的是，园丁鸟举行"结婚仪式"时通常会邀请它们的朋友琴鸟来当"乐队"。因为琴鸟在音乐方面的确是天才。它们的这种互助行为不愧是鸟族合作的模范。

各具匠心的生儿育女

小动物的大智慧

海马：家庭"孕"男

单听我们的名字，感觉像是海中的哺乳动物，其实，我们的真实身份是鱼类。我们家族中的男同胞绝对是动物界的"模范丈夫"。为了心爱的妻子不受生育之苦，它们单独挑起了生养的大旗。这是一件多么惊天动地的事情啊。自古以来，就没有哪个男同胞能像我们这样无私地对自己的妻子、孩子，不顾其他动物的奚落，愿意成为家庭的"孕男"。

■ 海马爸爸的孵卵囊

海马属于鱼类，它们的模样很有趣，全身被骨质环所包裹，像有棱有角的木雕，头部长得像马脑袋，身子像传说中的龙，背上有一溜尖刺，拖着一条长长的尾巴。它们在水中直立着身子，一撅一撅地游来游去。海马与大多数动物不一样，在它们的家庭中由爸爸"生育儿女"。

当雄海马遇到喜欢的雌海马时，它们的体色会由黑褐色变为黄色。雄海马腹部有一个孵卵囊，它和袋鼠的育儿袋很相似。雄海马不时地向孵卵囊充水，使之膨胀，并打开裂口，向雌海马

▲海马

独门杀手锏

▲海马用它们灵活有力的尾巴缠绕在植物、珊瑚或海绵上,这只太平洋海马正缠绕在一棵红柳珊瑚上。

发出求爱信号。一旦雄海马讨得雌海马的欢心,双方的关系确定下来,雌海马就不会放弃雄海马。在恋爱的几天里,两只海马的身体纠缠在一起游玩,或者将尾巴缠在同一根水草上。

当雌海马的卵成熟后,它俩就离开海底藻丛,螺旋形地向上游。在交配中,雌性海马的卵子和雄海马的精子会进入雄海马的孵卵囊中,并在这里完成受精,之后孵卵囊就会自动关闭,这样雄海马就成了名副其实的孕男。

■ 海马爸爸做孕男

怀孕期间,雌海马每天早晨都会来看望自己的丈夫。两只海马重温初恋时的浪漫,它们改变身体的颜色,互相抚摸对方的尾部,在海草中戏水。大约6分钟后,雌海马离去,雄海马则开始寻找食物。怀卵的雄海马呼吸时,孵卵囊微微起合,使发育中的胚胎能够得到足够的水分和新鲜的氧气。另外,孵卵囊又是一个营养袋,能供应胚胎在发育中所需要的营养。

海马的孵卵期从十几天到二十几天不等,它们通常在黎明前产子。雄海马将长长的尾巴紧紧地卷在海藻上,为了使身子保持稳定和平衡,它依靠肌肉的收缩作用,不停地做前仰后合、又屈又伸的摇摆动作,每向后仰一下,孵卵囊的口就张开一次,一条活蹦乱跳的小海马就从里面弹出来。有趣的是,当第一尾小海马拱出孵卵囊时,它会用尾巴钩住第二尾小海马的嘴,把第二尾小海马拉出来。同样,第二尾小海马也用尾巴钩住第三尾小海马的嘴,以此类推。据观察,雄海马每次可产出1～5尾小海马。

雄海马的生育过程有时要经历一到两天,生完这一大堆小宝宝后,雄海马往往已经疲惫不堪,有些雄海马甚至还会在生产过程中死掉,这是因为在它怀孕期间,育儿袋里有些死了的小海马,从而导致它被致命的细菌感染。看来父爱也无私和伟大。

· 111 ·

小动物的大智慧

营冢鸟：这个爸爸很奇怪

> 成家立业对我们雄鸟来说真是件苦差事啊，不但要挖个耗时4个多月的大坑，来作为求婚的礼物和育婴室，而且雌鸟生娃后，就狠心地一走了之，剩下的所有工作都是我们单独完成的。包括给育婴室调节恒温、通风、保暖等。等到娃儿从土冢里爬出来，我们所有的父爱在这之前都已消耗尽了，也就无心再管它们了。

■ 像温室的特殊产房

营冢鸟体大如鸡，头部像秃鹫一样几乎没有羽毛。它们的生存区域昼夜温差很大，为了保证卵得到一定的温度正常孵化，营冢鸟用各种树叶堆积成丘状巢穴，借树叶腐烂发酵产生的热量孵卵。这种特殊的巢穴很像人类的坟冢，营冢鸟的名字也由此而来。

挖穴筑巢全由雄鸟承担，每年秋天（在南半球大约是4月），雄性营冢鸟就开始动工兴建温室了。雄鸟会选择阳光充足的地方。先用强健的双脚挖一个深1米、直径为2.5米的大坑，并把从四面八方收集来的容易发酵产生热量的植物枝叶放入坑内，再盖上一些垃圾和尘土，为产卵做好准备。

几个月以后，坑内的物质已经发酵放热，营冢鸟用脚或嘴试测一下温度，当巢内温度达到35℃左右时，雄鸟就挖一个深洞，把头深深地探进去测试温度，检验工程的质量，直到温度达到33℃左右，以后它还要在堆顶上建造一个卵室，供雌鸟产卵。

大功告成后，雄鸟邀请雌鸟参观检验它的杰作，并请求雌鸟以身相许。雌鸟面对雄鸟的求爱，并不马上同意，它把嘴伸入土层，测试巢穴中温度，直至认为满意了，才愿意嫁给雄鸟。雌鸟在腐烂的树叶间产下第一枚蛋，雄鸟负责使蛋大头朝上，以便

▲ 营冢鸟正在建孵卵冢。

雏鸟容易出壳，并用腐殖质覆盖，上面再一层层地堆积泥沙。2~4天后，雌鸟又产下第二枚蛋。这样一直产下16~33枚蛋。产卵结束后，雌鸟似乎觉得自己产卵有功，一走了之什么都不管了，而雄鸟的工作还没完，它还要连续几个月精心地守护这个特别的产房。

■ **雄鸟精心守护产房**

很快，土丘内植物材料堆积发酵，温度升高，卵逐渐开始孵化。但是营冢鸟卵孵化时需要较恒定的温度，而堆肥发酵产热很难做到恒温。为了克服这个问题，聪明的雄鸟就在树叶堆上打一个小洞，用翅翼下部无羽的部分伸进腐土堆或把头深深地探进去，用自己的皮肤测量温度，以便及时扒开或堆上树叶，将温度调节在孵化所需的30℃~34℃。多少个日日夜夜，雄营冢鸟用心地调节着它那特殊的孵化器的温度，直到雏鸟出世。

春回大地后，太阳辐射越来越强烈，雨水也渐多，树叶腐烂很快。雄鸟就需要打通风洞，把温室内的热量放出去。晚上还需要把这些洞堵上，因为春天的夜晚还很冷。炎热的夏季，雄鸟天未亮就要把腐土堆掘开，把表层的沙子铺在地面上，让风儿把沙子吹凉。中午，这些沙子就被它撒在腐土堆上，作为清凉剂。秋天的时候，雄鸟把沙子铺在路面上让中午的太阳晒热，到了晚上，再把这些沙子盖在土丘上，为鸟巢保温。

在这期间，雄鸟很辛苦，经常是顾不上休息和进食。不过，当看着可爱的小营冢鸟从土堆中拱出时，那是雄营冢鸟最欣慰的时候。雄营冢鸟从秋到冬，从春至夏，几乎要辛苦10个月左右，单是堆积大冢就要耗去四个多月时间。经过9～12周的孵化期，雏鸟在土下约90厘米深处破壳而出，经过艰难的15～20小时才得以钻出土冢。

可当雏鸟孵出后，雄鸟就会对幼雏漠不关心，视若路人。雏鸟也不认它们的父母，从此在树丛中过着独立的生活。再过一年多，这些儿女们也成熟了，它们虽然从来没有和它们的父母学过怎样营冢，但它们的营冢工作会同样干得十分出色。

■ 最早发现与探索的人

最早看到营冢鸟的人，应该是参加过麦哲伦环球航行的探险家安东尼奥·皮加费塔。安东尼奥曾经在一个岛屿上发现一种鸟，这种鸟产的卵比母鸡的身体还要大。而且，这种鸟不是自己孵卵，而是把卵埋在树叶堆里孵化。当时，人们以为安东尼奥说的都是疯话，没人相信。后来，澳大利亚海岸地区出现了外来移民，这些人发现了那些大土冢，他们有的人认为是土著孩子玩游戏的地方，有的人以为是墓冢。一直到1840年，博物学家约翰·吉尔贝特产生了一个念头：为什么不扒开树叶堆看看里面有什么呢。结果，一看才知道树叶堆里藏着卵。

▲ 营冢鸟靠土丘内植物材料的发酵，产生热量来孵卵。

犀鸟：闭关不为修炼

> 我们家族的男男女女都很重感情，如果夫妻一方有谁不幸受害，另一方也不会在这个世界上继续苟且偷生。所以，我们又被叫做"钟情鸟"。我们对待妻儿也很有安全防范意识。在树洞产卵后，雄鸟就和雌鸟合作，将雌鸟封锁在洞中，只留一个能提供食物的小孔。这样蛇与猴子等天敌就不能奈何雌鸟和宝宝。在孵卵期间，丈夫照管妻子的吃喝，等宝贝破壳后，妻子就身挑照管家庭的大梁，让丈夫多歇息，别再继续累下去。

■ 重感情的"钟情鸟"

犀鸟是一种奇特的大型鸟类。它们的形象很特别，嘴占了身长的1/3，宽扁的脚趾非常适合在树上攀爬，一双大眼睛上长有粗长的眼睫毛。最古怪的是在头上，长有一个铜盔状的突起，叫做盔突，就好像犀牛的角一样，故而得名犀鸟。大部分犀鸟生活在非洲和亚洲的热带雨林地区，以树上那些多半是啄木鸟啄出来的空洞为巢。它们喜欢栖息在密林深处的参天大树上，啄食树上的果实，有时也捕食昆虫、爬行类、两栖类等小型的动物。

犀鸟是一种非常重感情的动物。在雌犀鸟孵卵期间，雄犀鸟为"妻儿"外出觅食，忙碌奔波，不辞辛劳，一旦雄犀鸟受害，巢中的雌犀鸟与雏鸟只好伏于洞中待毙。据说，一对犀鸟中，如有一只死去，另一只绝不会苟且偷生或另寻新欢，它们会悲痛欲绝，不是在忧伤中死亡，就是绝食而亡，故被人誉为"钟情鸟"。

■ "自我囚禁"生宝宝

犀鸟"生儿育女"非常小心。每到产卵的季节，就选择天然的大树洞营巢产卵。在洞底垫上衔回来的腐朽木枝，上面铺些柔软的羽毛，等到产房"装修"完后，雌犀鸟便开始产卵。一般每只犀鸟一次产卵1～4枚，卵纯白色。当雌犀鸟卧在树洞里产完卵后，就和产房外的雄犀鸟合作，把产房的门堵上，"自我囚禁"起来。雄犀鸟从外衔回泥土，雌犀鸟就从胃里吐出大量的黏液，掺进泥土中，连同树枝、草叶等，混成非常黏稠的材料，用它把树洞封起来，仅留下一个能使雌犀鸟伸出嘴尖的小洞。这样雌犀鸟在孵化期间就不用怕蛇、猴子等天敌来进犯，安心地孵化自己的小宝贝了。

在雌犀鸟孵卵期间，雄犀鸟担负着一家的生计，到处奔波寻找食物。每天东奔西跑，劳碌奔波在森林与"家庭"之间。每当雄犀鸟找回食物时，雌犀鸟就把嘴伸到洞口，这时，雄犀鸟就会把自己嘴中的食物送到雌犀鸟的嘴里。为了能够多采集一些食

▲一只东南亚的马来犀鸟衔着一只老鼠回巢。

物，雄犀鸟还会从自己的胃里脱下一层壁膜，吐出来当做"食物袋"，用以携带和贮存采集到的果实。在长达4个月的孵化期内，雄犀鸟会为自己的伴侣带回约2万多颗果子。雄鸟白天忙过后，夜晚还要栖息在洞外的树上，站岗放哨，警惕妻儿受到敌人的迫害。

经过28～40天，小犀鸟破壳而出。此时，雌犀鸟在雄犀鸟的帮助下一起用嘴把洞口啄开，为自己解除"禁闭"，飞出洞外，然后又把小鸟封在里面，和雄犀鸟一起哺育雏鸟。雌鸟在孵卵期间还要脱掉旧羽，换上新羽，因此出洞时雌犀鸟一身新羽，养得"又白又胖"。雌鸟出洞后，立即取代雄犀鸟，成为喂雏的主角。直到雏鸟羽毛丰满，能够飞行的时候再把它们放出来。然后雌雄鸟共同带领小鸟练飞觅食。

▼一只东南亚的皱盔犀鸟用它那食品钳一样的彩喙从一棵无花果树上摘取果实。

袋鼠：大口袋就是大摇篮

我们刚出生时，特别小，小到没有肺，只有心脏。这可怎么活呢？没事儿，我们的妈妈有法宝。它的肚皮底下有一个专门哺育我们的袋子。我们一出生就知道要爬到妈妈的袋里找温暖和安全，袋子里有四个乳头，随便我们选。等我们长成大娃娃了，袋子里住不下了，饿了的时候，还得将头伸到袋子里找吃的。

■ 舒适又安全的育儿袋

袋鼠外形奇特，头像老鼠，耳朵像兔子，前腿很小，后腿和尾巴十分发达，支撑着地面，形成三足鼎立之势，十分稳当。它们是吃草的素食者，成群地生活在草地丛林间，受惊时跳跃着快速奔驰而去。时速可达19～48千米，一跃距离可达6～7米，高度最大可达2米以上，在空中，那条大尾巴还不断摆动，以保持身体的平衡。

袋鼠生育儿女的方式十分特殊。所有雌袋鼠都长有前开的育儿袋，育儿袋里有四个乳头。小袋鼠就在育儿袋里被抚养长大，直到它们能在外部

▲袋鼠

世界生存。

小袋鼠只在母亲腹中生长发育38~40天就出生了。刚出生的小兽，体重仅28克，还未发育完全。小兽生出以后沿着母亲的肚皮爬到妈妈肚子上的育儿袋里，一抓着乳头，就再不松开，小嘴像长在乳头上。袋鼠妈妈靠乳房肌肉的收缩，将乳汁挤到小兽口中。小袋鼠长到4个月的时候，全身的毛长齐了，背部黑灰色，腹部浅灰色，显得挺漂亮。5个月的时候，有时候小袋鼠探出头来，母袋鼠就会把它的头按下去。小袋鼠越来越调皮，头被按下去了，它又会把腿伸出来，有时还把小尾巴拖在袋口外边。这么大的小袋鼠也会在育儿袋里拉屎撒尿，母袋鼠就得经常"打扫"育儿袋的卫生：它用前肢把袋口撑开，用舌头仔仔细细地把袋里袋外舔个干净。

▲袋鼠

- 同时哺育三个孩子

小袋鼠在育儿袋里长到7个月以后，开始跳出袋外进行活动。可一受惊吓，会很快钻回到育儿袋里去，由妈妈带着逃离危险地区。育儿袋强有力的肌壁能把幼仔牢牢地包裹在袋中，即使是母体以最高速度奔逃时，小袋鼠也会安安稳稳，不受丝毫影响。当危险到来的时候，母亲的育儿袋总是一个安全的庇护所。最后，小袋鼠长到育儿袋里再也容纳不下了，它只好搬到袋外来住。可它还得靠吃妈妈的奶过日子，饿了的时候就把头钻到育儿袋里去吃奶。

母袋鼠由于长着两个子宫，右边子宫里的小仔刚刚出生，左边子宫里又怀了小仔的胚胎。袋鼠长大，完全离开育儿袋以后，这个胚胎才开始发育。等到40天左右，再用相同的方式降生下来。这样左右子宫轮流怀孕，如果外界条件适宜的话，袋鼠妈妈就得一直忙着带孩子。因此，袋鼠能同时哺育三个孩子：一个在肚子里（子宫里），一个在育儿袋里，一个已经下地了。